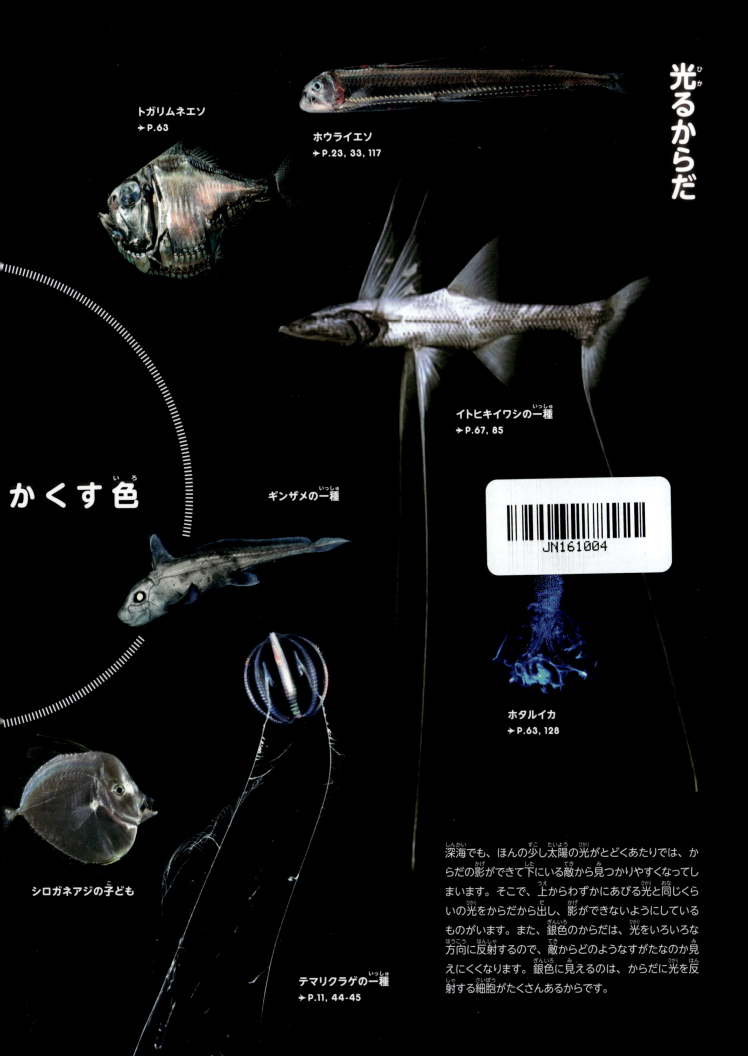

光るからだ

トガリムネエソ
→P.63

ホウライエソ
→P.23, 33, 117

イトヒキイワシの一種
→P.67, 85

ホタルイカ
→P.63, 128

かくす色

ギンザメの一種

シロガネアジの子ども

テマリクラゲの一種
→P.11, 44-45

深海でも、ほんの少し太陽の光がとどくあたりでは、からだの影ができて下にいる敵から見つかりやすくなってしまいます。そこで、上からわずかにあびる光と同じくらいの光をからだから出し、影ができないようにしているものがいます。また、銀色のからだは、光をいろいろな方向に反射するので、敵からどのようなすがたなのか見えにくくなります。銀色に見えるのは、からだに光を反射する細胞がたくさんあるからです。

ポプラディア大図鑑
WONDA
アドベンチャー

深海の生物

しんかいのせいぶつ

監修
藤倉克則
（海洋研究開発機構）

ポプラ社

もくじ

- この本の使い方 4
- 深海とは? 6
- 深海はどんな世界? 8
- 深海の生きものたち 11
- 深海への挑戦 15

1章 食う戦略

食うために

- 頭がとうめいになったのだ! デメニギス 20
- 2種類のライトでえものをさがすよ! オオクチホシエソ 22
- 長いひれの先でえものの気配を感じているのよ!
  ヒレナガチョウチンアンコウ 24
- 息を止めて、深〜くもぐれるのだ! マッコウクジラ 26
- 光るつりざおでえものをさそうのだ!
  チョウチンアンコウ 28
- 頭からはみ出すほど大きな口なのだ! フクロウナギ 30
- 飛びだす口でおそうのだ! ミツクリザメ 32
- 口がしまらないほど長いきばなのだ! オニキンメ 34
- 大物も入るじょうぶで大きい胃なのだ! オニボウズギス ... 36
- ノコギリのような歯で肉をはぎとるのだ! ダルマザメ 38
- 細長い口でからめとるのさ! シギウナギ 40
- 変身して、えものをつかまえるのさ!
  ハダカカメガイ (クリオネ) 42
- 長い触手にくっつけるのさ! テマリクラゲ 44
- ゆうがに泳ぐのだ! ユメナマコ 46
- 大口をあけてじっと待つのだ! オオグチボヤ 48
- くさった木だって消化するのだ! カイコウオオソコエビ ... 50
- クジラの骨にめりこむのだ! ホネクイハナムシ 52
- 胸毛に細菌を飼っているのだ! ゴエモンコシオリエビ 54

食うはずなのに

- 口も肛門もなくなったのだ! ガラパゴスハオリムシ 56

2章 食われない戦略

食われないために

- 巨大になったのだ! ダイオウイカ 60
- 光ですがたをかくすのさ! テンガンムネエソ 62
- とうめいになってかくれるのだ! ユウレイオニアンコウ ... 64
- たてになってかくれるよ! リュウグウノツカイ 66
- 地味な色になったのだ?! ミドリフサアンコウ 68
- 赤いカーテンで食べたものをかくすのさ!
  アカチョウチンクラゲ 70
- スカートにすっぽりかくれるのだ! コウモリダコ 72
- 光る墨をはいてにげるのさ!
  チチュウカイヒカリダンゴイカ 74
- 光るウロコが落ちたらにげられるかも! ウロコムシ 76
- ぬたで身を守るのだ! ムラサキヌタウナギ 78
- 鉄のよろいを身につけたのだ!
  ウロコフネタマガイ (スケーリーフット) 80

3章 あわせる戦略

暗やみにあわせて

- 眼はなくなったのさ! チョウチンハダカ 84

高圧にあわせて

- ぶよぶよのからだなのさ! シンカイクサウオ 86

高熱にあわせて

- 熱さも平気になったのさ! マリアナイトエラゴカイ 88

えさ不足にあわせて

- ゆっくり泳ぐのさ! メンダコ 90
- 筋肉もへらしたのさ! ニュウドウカジカ 92

深海の生物は、深海のきびしい環境のなかで、長い時間をかけてからだのかたちや行動を変えて生きのこってきました。生物が生きのこるために行うくふうを「戦略」といいます。この図鑑では、深海生物を戦略の種類によって5つの章に分けてしょうかいします。

4章 ふやす戦略

ふやすために
- 大きなメスにかじりつくのだ！ インドオニアンコウ ……… 96
- 一生かごの中で生きるのだ！ ドウケツエビ ……… 98
- メスをしっかりつかまえるのだ！ ゾウギンザメ ……… 100
- オスでもありメスでもあるんだ！ ヤムシ ……… 102
- 大きくなったらメスになるの！ オオヨコエソ ……… 104

5章 守り育てる戦略

卵を守るために
- あしにつけて歩くのだ！ ウミグモ ……… 108
- 4年半もかかえつづけるのよ！ ホクヨウイボダコ ……… 110

無事に育つために
- 卵じゃなくて、赤ちゃんを産むよ！ カグラザメ ……… 112
- えものをくりぬいた巣で育てるのよ！ オオタルマワシ ……… 114
- 子どものときは、眼が飛びだしているんだよ！ ミツマタヤリウオ ……… 116

おとなになると
- なぜか、泳がないのだ！ コトクラゲ ……… 118
- 巨大になるのさ！ ダイオウグソクムシ ……… 120

- 深海生物で見る生物の進化となかま分け ……… 122
- 深海にすむ「生きた化石」たち ……… 124
- 生物はかかわりあって生きている ……… 126
- わたしたちの生活と深海生物のつながり ……… 128
- 深海生物に会いに行こう！ ……… 130

- さくいん ……… 132

監修のことば

藤倉克則
海洋研究開発機構（JAMSTEC）上席研究員

わたしは、外国に向かう飛行機の中でこの文章を書いています。人が存在しないはずの高度10000mにも、わたしたちは行けるようになりました。窓から外を見ると海が広がっていて、地球は海でおおわれていることがよくわかります。空から見ると、海の広さは感じても、海のほとんどが水深200mより深い深海だとは感じません。

わずか180年前まで、海の水深550mより深いところには生物はいないと信じられていました。当時、それ以上深いところを研究する手段がなかったからです。今では、高度10000mを飛ぶ飛行機の数には、はるかにおよびませんが、水深10000mの深海を調査できる機械があります。世界でもっとも深い10924mまで、生きものがいることもわかっています。

多くの人は深海生物というと、変なすがたをしたり、巨大化しているなど見た目がユニークな生きものたちをイメージします。たしかに、そのような深海生物もいます。今、わたしたちは、直接深海生物をかれらの生きる深海で観察できるようになり、本当の深海生物のすがたや生き方を、少しずつ知るようになってきました。そして深海生物は、見た目のすがた形ではなく、人から見ればとてもきびしい環境で生きるためのくふうこそがユニークなのだということがわかってきました。

多くの深海生物はすがた形だけなら浅い海の生物と大してちがいはありません。「見た目じゃないよ、中身だよ」、それが深海生物のユニークさの本質です。それを伝えるために、この本は、科学的な研究をもとに、深海生物の生態をリアルな写真と文でしょうかいしています。子どもたちだけでなく、おとなも楽しめるようにくふうしました。読者のみなさんに「深海生物すごい！」「もっと深海生物を知りたい！」と思っていただけると期待しています。

この本の使い方

この図鑑では、深海に生息する生きものを184種のせています。見開きごとに、生きもの1種を大きくしょうかいし、その生きものの戦略をくわしく説明しています。

ふきだし
大きくしょうかいした生きものの戦略を、短いことばでまとめています。

メッセージ
大きくしょうかいした生きものの立場で、生きる戦略についてわかりやすく説明しています。

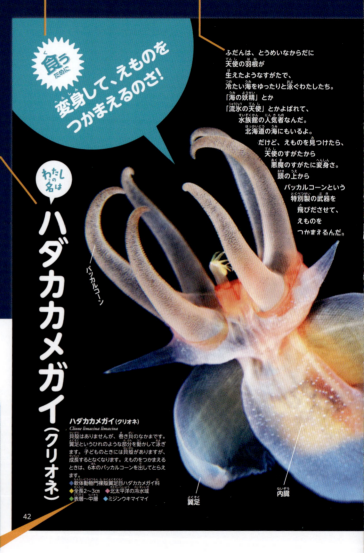

食うために
変身して、えものをつかまえるのさ！

わたしの名は
ハダカカメガイ（クリオネ）

ふだんは、とうめいなからだに天使の羽根が生えたようなすがたで、冷たい海をゆったりと泳ぐわたしたち。「海の妖精」とか「流氷の天使」とかよばれて、水族館の人気者なんだ。北海道の海にもいるよ。
だけど、えものを見つけたら、天使のすがたから悪魔のすがたに変身さ。頭の上からバッカルコーンという特別製の武器を飛びださせて、えものをつかまえるんだ。

バッカルコーン / 翼足 / 内臓

ハダカカメガイ（クリオネ）
Clione limacina limacina
貝殻はありませんが、巻き貝のなかまです。翼足というひれのような部分を動かして泳ぎます。子どものときには貝殻がありますが、成長するとなくなります。えものをつかまえるときは、6本のバッカルコーンを出してとらえます。
◆軟体動物門裸殻翼足目ハダカカメガイ科
◆全長2～3cm　◆北太平洋の冷水域
◆表層～中層　◆ミジンウキマイマイ

生きものの解説

種名
大きくしょうかいした生きものの和名（日本語の名前）です。ちがう名前でもよばれている場合は、和名のあとの（　）内に入れています。種名がわからない場合は近いなかまの名前を示しています。

学名
生きものの世界共通の学術的な名前です。くわしくは123ページ「生物のなかま分けと名前」を見てください。

ハダカカメガイ（クリオネ）
Clione limacina limacina
貝殻はありませんが、巻き貝のなかまです。翼足というひれのような部分を動かして泳ぎます。子どものときには貝殻がありますが、成長するとなくなります。えものをつかまえるときは、6本のバッカルコーンを出してとらえます。
◆軟体動物門裸殻翼足目ハダカカメガイ科
◆全長2～3cm　◆北太平洋の冷水域
◆表層～中層　◆ミジンウキマイマイ

基本データ
その生きもののなかま分けや大きさ、すんでいる場所や水深、食べものをしょうかいしています。

◆門名 目名 科名
その生きものがどのなかまに属するかを示しています。なかま分けのくわしい説明は、123ページ「生物のなかま分けと名前」を見てください。

◆大きさ
その生きもののおよその大きさです。くわしくは5ページの「大きさのあらわし方について」を見てください。オスとメスで大きさがちがう場合や、種のふつうの大きさでなく最大の大きさを書いている場合は（　）で示しています。

◆分布
その生きものが地球上のどの水域にすんでいるかを示しています。

◆水深
その生きものが発見されたり捕獲されたりした、もっとも浅い水深から深い水深です。表層、中層などの意味については7ページ「海の深さの分け方」を見てください。なかでも、おもにすんでいる水深がわかっている場合は（　）内に示しました。

◆食べもの
その生きものが、おもに食べているものです。

本当の大きさ
その生きもののじっさいの大きさをあらわしている写真にこのマークがついています。写真にとられた個体のじっさいの大きさがわからない場合は、その種の平均的な大きさにあわせています。

なかましょうかい
大きくしょうかいした生きものに近いなかまや、似た戦略をもつ生きものをのせています。生きものの解説が入ります。

さくいんについて
132ページからのさくいんでは、調べたい生きものや、知りたい用語がのっているページを調べることができます。

ヒラカメガイ
Diacria trispinosa
ハダカカメガイに近いなかまです。大きな翼足で泳ぎます。英名はsea butterfly（海のチョウ）。泳ぐすがたが、チョウが飛んでいるように見えることからつけられました。
◆軟体動物門裸殻翼足目カメガイ科
◆殻の長さ9mm
◆0～4800m
◆プランクトン

Q ハダカカメガイのえものは？
A ハダカカメガイは、成長すると貝殻がなくなる泳ぐ貝です。えものは、ミジンウキマイマイという、殻の直径が8mmほどの小さな泳ぐ貝です。ハダカカメガイは、ミジンウキマイマイをつかまえると、殻から身を引きずりだして食べます。

カメガイの一種
Cavolinia sp.
カメガイのなかまは、小さな円すい形やカメの甲らのような形など、さまざまな形の殻をもっています。すべて泳ぐ貝です。
◆軟体動物門裸殻翼足目カメガイ科

ミジンウキマイマイ（→P.129）
殻から出した翼足を動かして泳ぎます。

ハダカゾウクラゲの一種
Pterotrachea sp.
クラゲという名前がついていますが、これも巻き貝のなかまです。写真はキシ紀湾の水深～200mで採集されたもの。右が頭部です。とうめいで長い鼻がゾウの鼻のように見え、クラゲのようにゼラチン質のからだをしているのが名の由来です。

大きさのあらわし方について
生きものは、種類によって大きさのあらわし方がちがいます。この本に登場する生きものの大きさのあらわし方をしょうかいします。

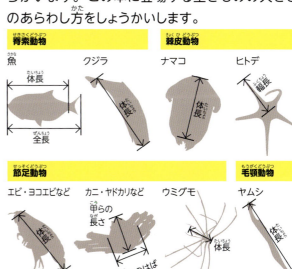

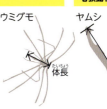
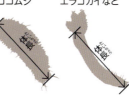
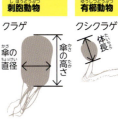
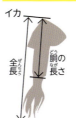

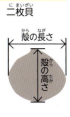

コラム
そのページでしょうかいしている生きものについて、もっとくわしく知ってほしいことを、質問と答えの形式でしょうかいしています。

つめ
生きものの戦略ごとに色分けしました。調べたい生きものをさがすのに役立ちます。

※単位は、mm（ミリメートル）、cm（センチメートル）、m（メートル）、kg（キログラム）、t（トン）などの記号であらわしています。
※生きものの色は、生きているときと標本ではちがうことがあります。この本には、生きているときと標本の両方の写真がふくまれています。
※文中に出てくる太平洋などの海の場所や、日本海溝など海の深い部分の場所は、6ページの地図でしょうかいしています。

深海とは?

海を深くもぐっていった先の、太陽の光がほとんどとどかなくなる、水深200mより深い場所を深海とよんでいます。地球全体からみて、深海とはどのような場所なのでしょうか。

地球の海のほとんどは深海

地球の表面の70%は海です。そして、海の面積の90%、体積の95%は深海です。地球は「水の惑星」や「海の惑星」とよばれますが、「深海の惑星」でもあるのです。

地球の海の、水深が200mより深い部分を濃い青色、それより浅い部分をうすい青色で示した地図です。海のほとんどが水深200m以上です。赤色の部分は、水深が6000mより深い海です。水深6000mより深い場所は、超深海とよばれます。

地殻は地球の殻のようなうすい部分

地球のもっとも外側をおおう表面部分を地殻といいます。地球の半径は約6400km。それにたいして、地殻の厚さは大陸で平均35km、海底で約5kmしかありません。地殻は、卵の殻のようなうすい部分なのです。

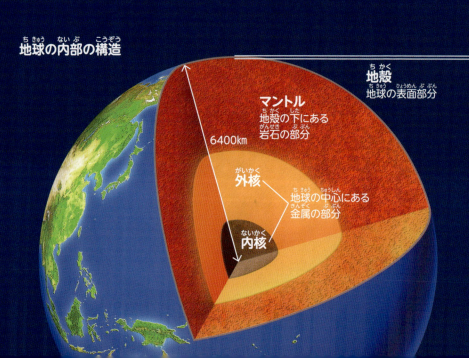

地球の内部の構造

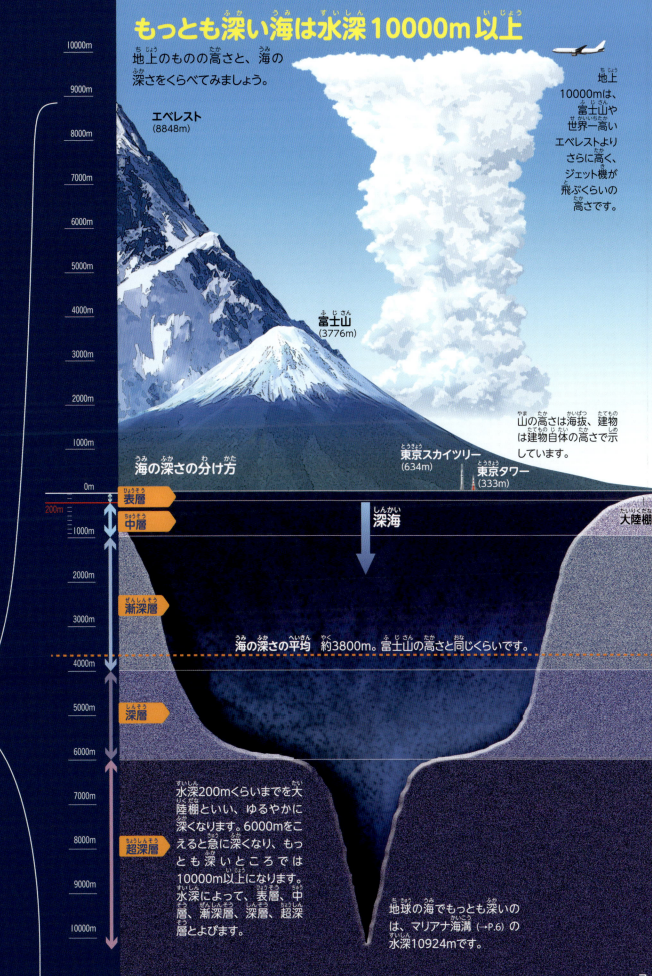

深海はどんな世界？

大昔から、人は深海を知ろうとしてきました。ところが、深海にもぐるのはむずかしく、深いなぞにつつまれた世界でした。科学や技術の進歩によって、深海はさまざまな地形をもつ、暗く冷たく圧力の高い世界だということがわかってきました。

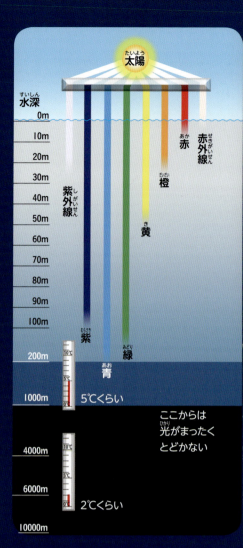

暗く冷たい深海

太陽の光は、海の中では水に吸収されて、とどかなくなります。水深1mで地表の45％、水深200mをこえると1％にへり、人の眼では光はほとんど見えません。水深1000mくらいまでは弱い光がとどいていますが、それをこえるとまっ暗な世界です。太陽光は、わたしたち人間の眼にはふだんは見えませんが、赤色から紫色までの光が混じっていて、光の色によってとどき方がちがいます。また、太陽の熱もとどかないので、深海は深くなるほど、どんどん水温が低くなります。

海底にもふくざつな地形がある

地球の表面の地殻とマントルの上のかたい部分をあわせてプレートとよびます。地球の表面では、十数枚のプレートがつねに動いています。プレートがぶつかったり、新しく生まれたり、マントルに向かってしずみこんだりすることで、海の中にも、山や谷のような地形ができるのです。

大陸地殻 **プレート**

火山
マントルからマグマがふき出し、冷えかたまって火山をつくります。

マグマ
地下の熱でどろどろにとけた岩石です。

すごい圧力

水にもぐると、からだの上にある分の水の重さ（水圧）がかかります。深くなるほど、からだの上の水の量がふえ、水圧は大きくなります。深海にしずめると、かたい金属バットもつぶれてしまいます。ところが、もっとやわらかいペットボトルでも、水がいっぱいに入っていればつぶれません。深海生物は、水の入ったペットボトルのように、圧力にも適したからだをしています。

水深500mと同じ圧力をかけてつぶれてしまった金属バット

有人潜水調査船「しんかい6500」（→P.17）の人が乗る部分と同じ、チタンというかたい金属でつくった、実物の3分の1の大きさの球です。
実験で、「しんかい6500」がもぐる予定の水深6500mの水圧をかけてもびくともしませんでしたが、水深13000mと同じ水圧をかけると、ぐしゃぐしゃにつぶれてしまいました。

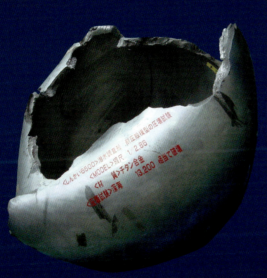

「しんかい6500」がもぐる水深6500mでは、人の上に大きなビルが乗ったほどの圧力がかかります。空気の入ったペットボトルはぺちゃんこにつぶれますが、水が入ったペットボトルはつぶれません。

海嶺
海底でプレートが生まれるところは山脈のようになり、海嶺とよばれます。

海洋地殻
陸の下の地殻を大陸地殻、海の下の地殻を海洋地殻といいます。

海底で、マグマが地殻を押しあげてふきだし、冷えてかたまると新しいプレートになります。

マグマ

深海の生きものたち

深海には、さまざまなすがたをした深海生物たちが生きています。水深べつに、この本でしょうかいしている深海生物を見てみましょう。

0m
表層
200m
中層
1000m
漸深帯

ハダカカメガイ（クリオネ）(→P.42)

メンダコ (→P.90)

テマリクラゲの一種 (→P.44)

デメニギス (→P.20)

リュウグウノツカイ (→P.66)

チョウチンアンコウ (→P.28)

ダイオウイカ (→P.60)

ゴエモンコシオリエビ (→P.54)

コウモリダコ

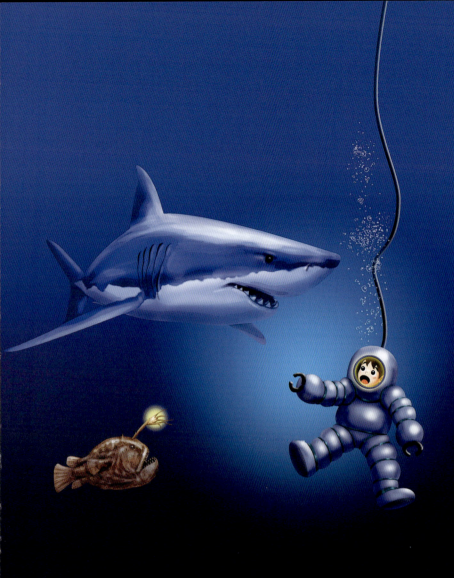

想像してみましょう

まったく光のない世界は、前後左右だけでなく上下さえわからず、とても不安な気もちになります。さらにこおりそうなほどの冷たさだったらどうでしょう。深海に生きる生物たちは、そんな世界で、食べものをさがし、なかまをさがし、自分を食べようとする敵から身を守って生きているのです。

海溝やトラフ
海底で、プレートがしずみこむところは深い谷になり、海溝やトラフとよばれます。

海底火山や島
海底でも、マグマがふき出し、海底火山や新しい島ができます。

マントル
地殻の下にある熱い岩石の部分です。深くなるほど熱くなります。

深海への挑戦
探検と調査・研究の歴史

大昔から、人は、深い海の中はどうなっているのだろうと考えてきました。しかし、遠い宇宙の星は見えても、深海の世界はのぞくことができませんでした。

記録に残るなかで、最初に深い海にもぐろうとしたのは、2000年以上も昔のマケドニア王、アレクサンドロス大王だったといわれています。本格的に深海にもぐることができるようになったのは、20世紀になってからです。

1872年
チャレンジャー

イギリスの海洋調査船です。世界一周の調査航海に出発し、海の水温や水深、地形などを調べました。世界でもっとも深いマリアナ海溝（→P.6）の深さも、重りをつけたつなをたらしてはかりました。また、たくさんの新種の生物も発見しました。

紀元前300年ごろ
アレクサンドロス大王のたる

アレクサンドロス大王は、ギリシャからエジプト、インド西部にまたがる大帝国をつくった王です。伝説では、ガラス製のたるに入り、船からつり下げてもらって海にもぐったと伝えられています。

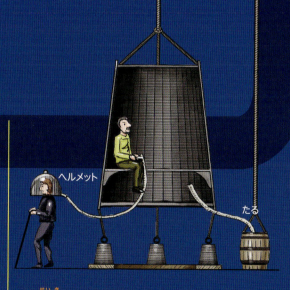

16世紀ごろから
ダイビングベル

イタリアやイギリスなどでつくられた、かねの形をした潜水装置です。ベルの中には、たるにつめた空気が送られ、空気の入ったヘルメットをかぶってベルから出ることもできました。ただ、ほんの20mほどしかもぐれませんでした。

潜水艇や探査機名の上の年は、つくられた年をあらわしています。

フクロウナギ
(→P.30)

フサウオの一種
(→P.87)

シンカイイワシサウオの一種
(→P.86)

カイコウオオソコエビ
(→P.50)

生物のイラストは、その生物の生息域のうち、もっとも深い場所の近くにえがいています。

8000m

9000m

10000m

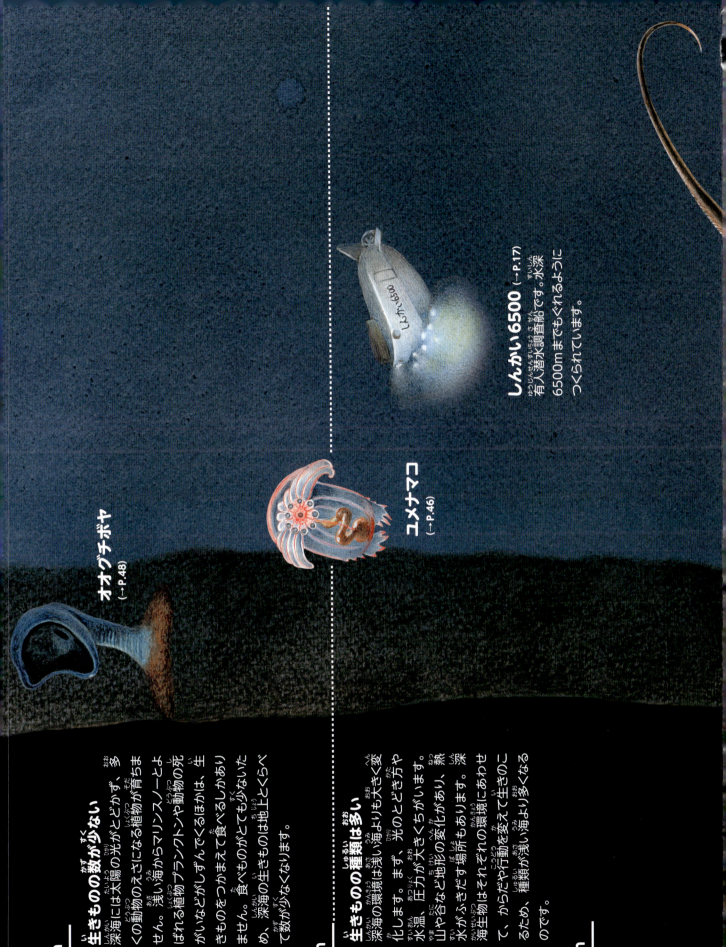

1929年
西村式豆潜水艇1号
世界に先がけてつくられた日本の有人潜水艇です。水深200mまで潜ることができ、おもに生物の採集に使用されました。

1960年
トリエステ
スイスのジャック・ピカールとドン・ウォルシュが開発した有人潜水艇バチスカーフシリーズの一種で、のちにアメリカが買いあげました。マリアナ海溝の最深部（当時の測量で10915m）まで潜航しました。

1984年
ノチール
フランスの有人潜水調査船です。水深6000mまでもぐることができます。日本海溝で、プレートがもぐりこむところをはじめて観察するなど、現在も活躍しています。

1981年
しんかい2000
日本の本格的な有人潜水調査船です。水深2000mまでもぐることができました。相模湾で化学合成細菌（→P.57）と共生するシロウリガイや、沖縄のまわりで熱水噴出孔などを発見し、2002年まで活躍しました。

1964年
アルビン
アメリカの有人潜水調査船です。1977年、東太平洋のガラパゴス諸島沖の熱水噴出孔（→P.54）のまわりで、たくさんの生物を調査し世界中の人びとをおどろかせました。

1965年ごろから
バイオロギング
ウミガメやペンギン、アザラシやクジラといった生物に小型の記録計をつけて、その行動を記録する研究方法です。現在では、小型カメラをつけることで、その動物が見ているのと同じ映像を見ることもできるようになっています。

1988年
ミール
ロシアの有人潜水調査船です。水深6000mまでもぐることができます。大西洋で、大規模な熱水噴出孔を発見するなどして、現在も活躍しています。

2012年
蛟竜
中国の有人潜水船です。マリアナ海溝で、水深7020mの潜水を成功させました。音声や画像を母船に送り、母船の指令も受けることができます。深海底の岩石の採集をするなど、活躍しています。

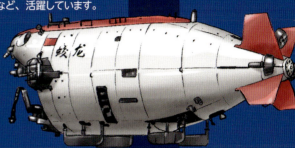

1989年
しんかい6500
日本の有人潜水調査船です。水深6500mまでもぐることができます。インド洋の深海で、足に硫化鉄のうろこのあるウロコフネタマガイ（→P.80）を採集したり、2011年には東北沖で起きた巨大地震の調査もおこなったりして、現在も活躍しています。

2012年
ディープシーチャレンジャー
有人深海探査艇です。カナダの映画監督、ジェームズ・キャメロンが乗って、世界でもっとも深いマリアナ海溝チャレンジャー海淵に到達しました。

母船

1995年
かいこう
日本の無人探査機です。ランチャーとビークルの2段方式で、母船からランチャー、さらにビークルがケーブルでつながり、水深11000mまでもぐることができます。マリアナ海溝では、カイコウオオソコエビ（→P.50）を観察・採集するなど活躍しました。現在は、「かいこう7000Ⅱ」が活躍しています。

ランチャー

ビークル

1999年
ハイパードルフィン
日本で活躍する無人探査機です。母船からケーブルでつながり、水深4500mまでもぐることができます。超高感度ハイビジョンカメラや、海底の生物などを採集できるマニピュレータ（ロボットアーム）があり、カメラは、母船とつながっているので、深海の鮮明な映像を船上でリアルタイムに見ることができます。

おいでおいで〜

1章 食う戦略

深海は植物が育たない、動物と微生物だけの世界です。動物は、ほかの生きものをつかまえて食べなければ生きられません。そのために深海の生物たちは、さまざまな「食う戦略」をもって生きぬいています。

食べなくてもおなかいっぱい！

わたしの名は デメニギス

デメニギス
Macropinna microstoma

とうめいな頭の中に大きな眼があります。ふだんは大きな眼を上に向けて、自分の上を泳ぐえものをさがし、とらえるときは、眼を回転させて前に向けます。水中をただよっているクラゲやエビなどのプランクトンを食べているようです。

- ◆脊索動物門キュウリウオ目 デメニギス科
- ◆全長15㎝
- ◆北太平洋
- ◆16〜1267m
- ◆プランクトン

本当の大きさ

眼 / とうめいな頭 / 鼻 / 口

©MBARI

食うために 頭がとうめいになったのだ！

わたしの頭を見て！
頭がとうめいな膜で
おおわれていて、
その中はとうめいな液で
満たされているんだ。
頭がとうめいだと、
眼を上に向けながら泳いで、
上にいるえものを
見つけられるのさ。
わたしたちがすむあたりには
少しは太陽の光がとどくから、
上を泳ぐ生きものの影を
見ることができるんだよ。

深海から引きあげられて、とうめいな部分がなくなってしまったデメニギス。とうめいな部分はこわれやすいので、網にかかって引きあげられると、なくなってしまいます。そのため、2004年にモントレー湾水族館研究所が、世界ではじめて泳ぐすがたを撮影するまで、頭がへこんだふしぎな魚だと思われていました。

Q 水深と眼の大きさの関係は？

A 海は、水深200mをこえると、かなり暗くなり、1000mをこえるとほとんどまっ暗です（→P.8）。そのため、デメニギスのように、ある程度光がとどく場所にいる生きものの眼は大きく、光を受けやすくなっています。それにたいし、光がまったくとどかない場所にいる生きものの眼はとても小さかったり、なくなったりしています。ただ、まっ暗な場所にすむ生きものでも、大きな眼をもち、発光する生きものの光が見えるものもいます。

浅い

キンメダイ（→P.35,128）
おもに水深400〜600mあたりにいます。わずかに光がとどく場所にいるので、大きな眼をしています。

オオメコビトザメ（→P.39）
おもに水深200〜1200mあたりにいます。1000mより浅いところには、少しは光がとどくので、大きな眼をしています。

フクロウナギ（→P.30）
水深500〜7625mが生息域ですが、おもに1200〜1400mあたりにいます。1000mをこえる深さにいるので、とても小さな眼をしています。

ソコダラの一種
ソコダラのなかまは、ほとんど光のとどかないところにいるものが多いのですが、大きな眼をしたものもいます。そのため、発光生物の光を見ることができます。

チョウチンハダカの一種（→P.84）
まったく光のとどかない、まっ暗なところにいるので、ふつうの眼はなくなり、頭に、発光生物が出す光を感じる膜だけがあります。

深い

赤い光を出す発光器

白い光を出す発光器

本当の大きさ

食うために
2種類のライトでえものをさがすよ!

わたしたちは、眼の後ろに
まっ暗な海中を照らすライトをもっているんだよ。
ライトは特別製。白い光と赤い光を出せるんだ。
白い光は前を照らしてまわりのようすを見るため、
赤い光は、赤い生きものを見つけるため。
深海には、赤い光はとどきにくいから、
赤い光を感じられない生きものが多い。
だけど、わたしたちは赤い光が見えるんだ。
だから、えものにも敵にも見つからずに
狩りをすることができるってわけさ。

わたしの名は オオクチホシエソ

オオクチホシエソ
Malacosteus niger
からだは細長く、はばはやや細めです。口はとても大きく、下あごには、するどい歯がはえています。眼の下と眼の後ろの発光器から赤と白の2種類の光を出し、さらに、光の強さを調節することもできます。
- ◆脊索動物門 ワニトカゲギス目 ワニトカゲギス科
- ◆全長26㎝
- ◆世界各地の深海
- ◆500～3900m
- ◆魚類など

オオクチホシエソのなかま

クレナイホシエソ
Pachystomias microdon
からだは細長く、はばはやや細く、こげ茶から黒っぽい色をしています。眼の下に発光器があります。細長いあごは、少し上向きにカーブし、口を大きくあけることができます。
- ◆脊索動物門ワニトカゲギス目ホテイエソ科
- ◆体長22㎝（最大） ◆世界各地の深海
- ◆660～4000m ◆魚類など

ムラサキホシエソ
Echiostoma barbatum
小さな眼の後ろに、細長い三角形の発光器があります。とても大きな口に、するどい歯がはえています。オオクチホシエソのなかまのなかでは大きめの魚です。
- ◆脊索動物門ワニトカゲギス目ホテイエソ科
- ◆体長37㎝（最大） ◆世界各地の深海
- ◆30～4200m ◆魚類など

シロヒゲホシエソ
Melanostomias melanops
からだは細長く、あごに長いひげがはえています。体長は、オオクチホシエソと同じくらいで、眼の後ろに白い発光器があります。大きな口にたくさんの歯がはえています。
- ◆脊索動物門ワニトカゲギス目ホテイエソ科
- ◆体長28㎝（最大） ◆世界各地の深海
- ◆350～1024m ◆魚類など

ホウライエソ（→P.33,117）
Chauliodus sloani
背びれの先と眼の下、腹にも発光器があります。背びれの先の発光器は写真では見えません。眼の下の発光器は、仲間への合図に使うと考えられています。
- ◆脊索動物門ワニトカゲギス目ワニトカゲギス科
- ◆体長35㎝
- ◆世界各地の深海
- ◆200～4700m
- ◆魚類など

わたしの名は ヒレナガチョウチンアンコウ

— ひれのすじ

本当の大きさ

食うために

長いひれの先でえものの気配を感じているのよ！

Q 深海生物には、どんなセンサーがあるの？

A わたしたち人間は、おもに眼で見てまわりのようすを知りますが、光がとどかない深海の生きものは、眼にはたよれません。そのため、まわりのようすを知るために、眼のかわりとなるような、さまざまなセンサーをもつ生きものがいます。

全身が毛だらけのように見えるでしょ。
ひれをささえるひれのすじが長くのびて、
背びれやしりびれなんかも
細長く広がってるからね。
この長くのびたひれのすじの先で、
えものや敵の気配を感じているの。
わたしたちがすんでいるあたりはまっ暗。
だから、えものが動いたときに起こる
水の動きだけをキャッチして、
大きな口で
えものを
丸のみするのよ。

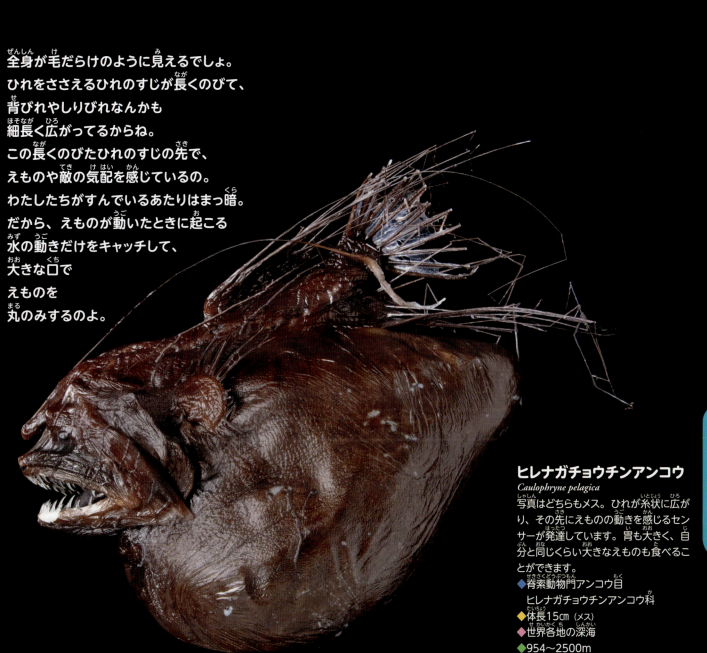

ヒレナガチョウチンアンコウ
Caulophryne pelagica

写真はどちらもメス。ひれが糸状に広がり、その先にえものの動きを感じるセンサーが発達しています。胃も大きく、自分と同じくらい大きなえものも食べることができます。

- ◆脊索動物門アンコウ目
  ヒレナガチョウチンアンコウ科
- ◆体長15㎝（メス）
- ●世界各地の深海
- ◆954〜2500m
- ◆魚類など

食う戦略

横から見たすがた。腹にえものが入っていて、大きくふくらんでいます。

ナガヅエエソ
細長くのびた胸びれをアンテナのように広げます。この胸びれで、水やえものの動きを感じることができます。腹びれと尾びれを広げて、海底に立つようにして、えものを待ちぶせします。

クジラウオの一種
眼は退化して、とても小さいです。そのかわり、からだに、水の動きなどを感じる側線があります。その側線が、大きく発達しているので、わずかな水の動きも感じることができると考えられています。

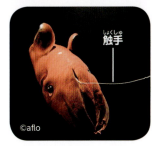

コウモリダコ（→P.72）
イカやタコの共通の祖先です。8本のうでが、膜でつながっています。うでの間から、糸のように細長い触手がのびています。この触手が、えものや敵の気配を感じるはたらきをしています。

ムラサキヌタウナギ（→P.78）
眼はほとんどなくなっています。鼻のあなが大きく、においでえものをさがします。クジラの死がいが海底に落ちてくると、においをかぎつけて集まり、からだの中にもぐりこんで肉を食べます。

わたしたちは、君たち人間と同じ哺乳類。
水中では息をすることができない。
だけど、1時間以上も息を止めて、
水深3000mまでもぐることができるんだ。
すごいでしょ。
眼が使えないまっ暗な深海にもぐって、
大好物のダイオウイカ（→P.60）
なんかをさがすときにたよりになるのが音。
クリック音という音を出し、
えものに当たって反射するのを
感じとって、
えものの位置をつかむんだよ。

わたしの名は **マッコウクジラ**

息を止めて、深ーくもぐれるのだ！
食うために

Q ほかにも、深くもぐれる哺乳類や鳥たちがいる？

A 魚やイカやタコなどは、えらから水中の酸素を取りこめるので、ずっと水中にいることができます。いっぽう、哺乳類や鳥などは、肺から空気中の酸素を取りこむので、水中では呼吸ができず、長く水中にいることはむずかしいのです。ところが、深海にもぐれるものがいることが、バイオロギング（→P.16）などの調査でわかってきました。

マッコウクジラ *Physeter macrocephalus*

大きなオスは、体重が約50tにもなります。一生のうちの、3分の2ほどの時間を深海ですごすといわれていて、ダイオウイカがいる水深1000mあたりまで、10分ほどでもぐることができます。筋肉の中に酸素をためることができるので、長く息を止めることができます。おでこのあたりから音を発射し、その音の反射によって、えものの位置などまわりのようすを知るエコーロケーションを行います。

- ◆脊索動物門鯨偶蹄目マッコウクジラ科
- ◆体長18m（オス）
- ◆世界各地の海
- ◆0～3000m
- ◆イカや魚類

食う戦略

本当の大きさ

眼の部分

アカボウクジラ
体長6～7mの中型のクジラです。数は少ないですが、世界中の海にいます。アメリカ西海岸の島で調査すると、水深2992mまでもぐるものや、2時間以上もぐるものがいることがわかりました。

ミナミゾウアザラシ
オスは体長4～5m、体重4～5tにもなります。写真は、メスをめぐってオスどうしが戦っているところです。えものであるイカや魚をもとめて、2時間も息を止め、水深2133mまでもぐったという記録があります。

コウテイペンギン
立ち上がると高さが1m以上ある最大のペンギンです。ペンギンは空を飛ばない鳥ですが、海にもぐって魚やイカなどのえものをとります。27分息を止め、水深564mまでもぐったという記録があります。

オサガメ
甲らの長さは2m、体重は600～800kgになります。海藻や魚介類を食べます。また、泳ぐ力も強く、カメのなかの潜水チャンピオンです。水深1230mまでもぐれるといわれています。

門名・目名・科名　◆大きさ　◆分布　◆水深　◆食べもの

全身のようす(メス)
ルアー

食うために

光るつりざおで
えものを
さそうのだ！

わたしの名は

チョウチンアンコウ

深海生物の代表といえば、
チョウチンアンコウ！
わたしたちメスの特徴は、
丸いからだと、頭からのびる
つりざおのようなルアー。
ルアーというのは、
えさに見せかけた
にせのえさのこと。
わたしのルアーは、先が光るから、
まっ暗な深海でこれをゆらすと、
魚たちがえさかなと思って
近づいてくるの。
そしたら、大きな口で丸のみよ。

Q どんなルアーがあるの?

A アンコウのなかまには、ルアーでえものをさそうものがたくさんいます。深海にすむアンコウのなかまのルアーにも、長いものや短いものなど、さまざまなものがあり、光るものが多いです。

ミツクリエナガチョウチンアンコウ
写真はメス。メスは体長40㎝ほどになり、先が光る細いルアーをもっています。オスの体長は1～2㎝で、ルアーはありません。メスにかじりつき一体化します(→P.97)。

ビワアンコウ
楽器のびわや果物のビワのような形をしていることが名の由来です。体長は、メスは1mほど、オスは10㎝前後です。写真はメス。メスには、先が光る細長いルアーがあります。

シダアンコウの一種 (→P.67)
腹を上に向け、さかさになって泳ぎます。先が光るルアーをのばし、海底近くにいるえものをさそっていると考えられています。

ラクダアンコウの一種 (→P.97)
伊豆大島沖の水深1108mで撮影された写真です。ルアーの先の発光器を光らせているようすがわかります。

食う戦略

本当の大きさ

チョウチンアンコウ
Himantolophus groenlandicus
写真はメス。眼は小さく、背などにはとげがはえています。太いルアーの先に発光器がついています。発光器の中には光る細菌がいて、その細菌が光るのです。
- 脊索動物門アンコウ目チョウチンアンコウ科
- 体長60㎝(メス) 4㎝(オス)
- 世界各地の深海
- 600～1210m
- 小型の魚類など

◆門名 目名 科名 ◆大きさ ◆分布 ◆水深 ◆食べもの

食うために
頭からはみ出すほど大きな口なのだ!

頭の骨の長さ

眼

全身のようす

あごの骨の長さ

君たち人間のあごは
頭の骨より小さくて、
その中にちゃんと入っているよね？
でも、わたしたちのあごは
頭の骨の7～10倍もの長さがあるんだ。
大きなあごの骨の上に、
小さな頭の骨が乗っているってわけ。
口をあけるときは、かさをひらくみたいに
すごく大きくあけられるんだよ。
深海はとってもえものが少ないから、
少しでも多く食べようと
大きな口をしているのさ。

本当の大きさ

Q どうやって食べるの?

A フクロウナギは、大きな口を上向きに大きく広げて入ってくるえものを食べます。フクロウナギのなかまに、フウセンウナギがいます。どちらもとても大きな口をしていますが、食べるえものの大きさや、とり方はちがいます。

フウセンウナギの一種（→P.37）
フクロウナギと同じフウセンウナギ目の深海魚です。とても大きな口をしています。

フクロウナギのえさのとり方

えら

①頭を上に向けます。
②口を大きくあけ、海水といっしょに小さなえものが入ってくるのを待ちます。
③えものが入ると口をとじ、えらと口のすき間から水だけ出します。
④えものをのみこみます。

フウセンウナギのえさのとり方

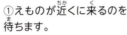 

①えものが近くに来るのを待ちます。
②えものが近づいたら、口を大きくあけ、おそいます。
③胃が大きくふくらみ、大きなえものでも丸のみにします。

フクロウナギとフウセンウナギのえさのとり方は、『深海魚 暗黒街のモンスターたち』（尼岡邦夫著／ブックマン社）を参考にしました。

フクロウナギ
Eurypharynx pelecanoides

からだは細長く、尾の先に小さな発光器があります。これで小さなえものをさそうのではないかと考えられています。口をひらくと袋のような形になるので、フクロウナギと名づけられました。口の中には小さな歯がはえ、えものを丸のみにします。

◆脊索動物門フウセンウナギ目フクロウナギ科
◆全長75cm
◆世界各地の深海
◆500〜7625m（多くは1200〜1400m）
◆イカや魚類など

食う戦略

わたしの名は **フクロウナギ**

本当の大きさ

わたしの名は
ミツクリザメ

食うために
飛びだす口でおそうのだ!

吻

泳ぐすがたは、スマートでしょ。
だけど、えものをおそうときは、
この巨大なアゴを突きだすのさ。
体長の10分の1近くも突きだせるんだよ。
わたしたちの長くのびている頭の先は、吻っていうよ。
動物はみな、からだから弱い電気を出しているんだけど、
わたしたちの吻には、えものの出す電気を感じるセンサーがあるんだ。
だから、砂の中のえものもピピッと感じて
吻でほりだして食べることができるのさ。

泳ぐミツクリザメ。泳いでいるときは、あごは、ふつうの魚と同じような位置におさまっています。

ミツクリザメ *Mitsukurina owstoni*
生きたすがたが目撃されることは少ないので、「まぼろしの魚」といわれます。日本の近海ではときどき捕獲されることがあります。
◆脊索動物門ネズミザメ目ミツクリザメ科
◆全長3.9m
◆世界各地の深海
◆30〜1300m（多くは270〜960m）
◆魚類や甲殻類

Q ほかにもあごが飛びだす魚がいる？

A ミツクリザメはあごが飛びだすチャンピオンですが、ホウライエソも、えものをおそうときにあごが飛びだします。上下のあごが飛びだすミツクリザメとちがい、ホウライエソは下あごを突きだして口を大きくあけます。

ミツクリザメ
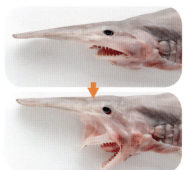

ホウライエソ（→P.23、117）

食う戦略

ミツクリザメのなかま

ウバザメ *Cetorhinus maximus*
おそろしいすがたですが、口を大きくあけて泳ぎながら、小さなプランクトンなどを食べる、おとなしいサメです。
◆脊索動物門ネズミザメ目ウバザメ科
◆全長7m ◆世界各地の温帯〜寒帯
◆0〜2000m ◆プランクトン

オオワニザメ *Odontaspis ferox*
吻はとがり、口にはとがった歯がはえています。観察されることが少ないので、くわしい生態は不明ですが、相模湾などではときどき捕獲されます。
◆脊索動物門ネズミザメ目オオワニザメ科
◆全長4.5m ◆世界各地の沿岸 ◆10〜2000m（多くは13〜880m） ◆魚類など

門名 目名 科名 ◆大きさ ◆分布 ◆水深 ◆食べもの

わたしの名は
オニキンメ

口がしまらないほど長いきばなのだ！

食うために

見て！ 見て！
わたしたち、すっごく長いきばのような歯をもっているんだ。
深海では、えものににげられたら、次にいつ出あえるかわからない。
だから、どんなに大きくても、しっかりかぶりつくという作戦。
そのために長い歯は有利なんだ。
でも、この歯が長すぎて口がしまらないんだよね。

本当の大きさ

オニキンメ *Anoplogaster cornuta*
英名はfangtooth（きばのような歯）。名前のとおり長くするどい歯をもち、おそろしいすがたをしていますが、からだはそれほど大きくありません。また、あまり速く泳ぐことはありません。深海には、えものが少ないので、フクロウナギ（→P.30）のように大きな口をしたものや、オニキンメのように大きな口に長い歯をもったものがいます。
- 脊索動物門キンメダイ目オニキンメ科
- 全長18cm
- 世界各地の深海
- 500〜2000m
- 魚類

Q 子どものときは、どんなすがたをしているの?

A オニキンメの子どもは、頭に小さな角のようなものが生えています。この角からオニキンメと名づけられました。この角は、おとなになるとなくなります。口は子どものときから大きいですが、まだ歯が長くないので、口をしめることができます。

オニキンメの子ども
頭の小さな角がどんなはたらきをしているかは、まだよくわかっていません。

食う戦略

オニキンメのなかま

▶ **キンメダイ** *Beryx splendens*
眼が大きく（→P.21）、金色をしていることが名の由来です。食用になります（→P.128）。口は大きいのですが、きばのような長い歯はありません。
- 脊索動物門キンメダイ目キンメダイ科
- 全長40cm ・世界各地の深海
- 100〜800m ・魚類など

▶ **ナンヨウキンメ** *Beryx decadactylus*
大きな眼をもち、食用になります。キンメダイと同じキンメダイ科の魚ですが、キンメダイよりからだのはばがせまいので、イタキンメともよばれています。
- 脊索動物門キンメダイ目キンメダイ科
- 全長35cm ・世界各地の深海
- 200〜805m ・魚類など

▶ **ハシキンメ**の一種 *Gephyroberyx sp.*
全身があざやかな朱色をしています。写真は、「しんかい6500」（→P.17）が南西インド洋海嶺の水深970mで撮影したものです。胸びれと尾びれを大きく動かしてゆったりと泳いでいました。
- 脊索動物門キンメダイ目ヒウチダイ科

- 門名 目名 科名
- 大きさ
- 分布
- 水深
- 食べもの

わたしの名は

オニボウズギス

本当の大きさ

オニボウズギス *Chiasmodon niger*
英名は、black swallower(黒い丸のみ屋)。大物を食べることから名づけられました。自分より大きなえものでものみこめる、じょうぶな胃をもっています。

- 脊索動物門スズキ目クロボウズギス科
- 体長25cm
- 太平洋・大西洋・インド洋の深海
- 700〜2745m
- 魚類

食うために

大物も入る じょうぶで 大きい胃なのだ!

大きなえものを食べたときのすがた。胃が大きくふくらんでいるのがわかります。

ふだんのすがた

ひさびさの大物でおなかがいっぱいだ。
いつもはもう少しスリムなんだけどね。
わたしたちは、とびきりじょうぶで
よくのびる胃をもっているんだ。
深海はえものがとっても少ないから、
少しくらい大きなえものでも
のみこんでしまおうという作戦さ。
大物を食べれば、そのあと何か月も
えものにありつけなくても
生きられるんだよ。

食う戦略

 Q ほかにも大物食いの生きものがいる?

A 陸上でも、シカを丸のみにしてしまうニシキヘビなど、大物食いの動物がいますが、深海にも、自分より大きなえものも食べてしまう生きものがいます。

ウリクラゲの一種（→P.45）
テマリクラゲ（→P.44）と同じクシクラゲのなかまです。櫛板を動かして泳ぎながら、大きな口をあけ、自分より大きいクシクラゲのなかまを丸のみにしようとしているようです。

顎毛

©Yoshihiro Fujiwara/JAMSTEC

ヤムシの一種（→P.102）
口の両側に顎毛というかたい毛があり、口を大きくあけ、顎毛でえものをとらえます。多くは小さな甲殻類などを食べますが、まれに共食いをすることもあります。

フウセンウナギの一種（→P.31）
からだはウナギのように細長いです。口が大きく、胃も大きくふくらむので、大きなえものものみこめます。

わたしの名は ダルマザメ

わたしは、全長が40cmくらいだから
サメにしては小がらだよ。
だけど、この歯と口を見てほしいな。
歯はのこぎりのように強く、
口は吸盤のように吸いつけるんだ。
えものを見つけたら突進して、そのからだにかみつき
吸盤のような口でしっかり吸いつく。
そして、のこぎりのような歯で、肉を丸くはぎとるのさ。
わたしよりずっと大きなクジラだって
わたしのえものなんだよ。

ダルマザメ *Isistius brasiliensis*
上あごには小さな歯が、下あごには大きくてするどい歯がはえています。口は、大きな魚やクジラなどに吸いつきやすい形をしています。大きな魚やクジラの肉をかじりとっても、かじられた生きものが死んでしまうことはありません。そのため、ダルマザメにとっては食べものが不足しなくてすみます。昼間は深海にいて、夜になると浅いところにやってきてえものをおそいます。

◆脊索動物門ツノザメ目ヨロイザメ科
◆全長40cm
◆世界各地の深海
◆85〜3500m
◆魚類や哺乳類

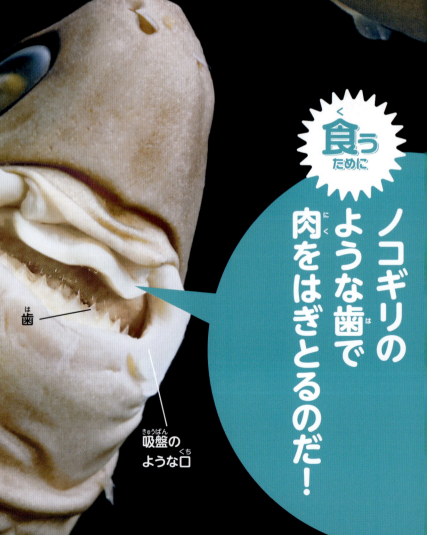

食うために
ノコギリのような歯で肉をはぎとるのだ！

歯
吸盤のような口

本当の大きさ

Q クッキーカッターシャークって、どういう意味?

A ダルマザメの英名はcookie cutter shark（クッキーの型ぬきザメ）。そのかじりあとが、クッキーのぬき型でぬきとったように見えることから名づけられました。魚だけでなく、大型のクジラなどもおそいます。

かじられたあと

最強のハンターともよばれるシャチですが、ダルマザメにかじられたと思われるあとがあります。

食う戦略

ダルマザメに近いなかま

©Yoshihiro Fujiwara/JAMSTEC

ヨロイザメ
Dalatias licha

その名のとおり、よろいのようにかたい皮膚におおわれています。ダルマザメのようにするどい歯をもち、自分より大きなえものをねらうこともあります。
- ◆脊索動物門ツノザメ目ヨロイザメ科
- ◆体長1.6m ◆世界各地の深海
- ◆200〜1800m ◆魚類・イカ・タコ・甲殻類

オオメコビトザメ（→P.21）
Squaliolus laticaudus

昼間は深海にいて夜は浅いところに上がってきます。上あごの歯はとげのような形、下あごの歯はナイフのような形をしています。
- ◆脊索動物門ツノザメ目ヨロイザメ科
- ◆全長25㎝
- ◆世界各地の深海
- ◆200〜1200m ◆魚類やイカなど

◆門名 目名 科名 ◆大きさ ◆分布 ◆水深 ◆食べもの

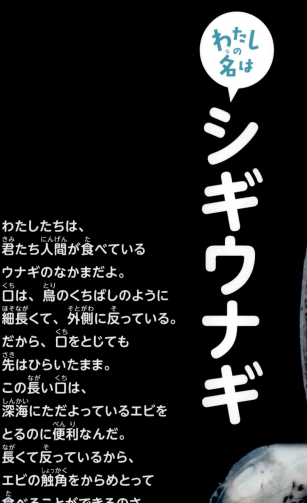

わたしの名は シギウナギ

わたしたちは、君たち人間が食べているウナギのなかまだよ。
口は、鳥のくちばしのように細長くて、外側に反っている。
だから、口をとじても先はひらいたまま。
この長い口は、深海にただよっているエビをとるのに便利なんだ。
長くて反っているから、エビの触角をからめとって食べることができるのさ。

本当の大きさ

シギウナギ *Nemichthys scolopaceus*
ウナギのなかまのなかでは、とくにからだが細長く、尾は糸のようです。からだを波うたせるようにして泳ぎます。
◆ 脊索動物門ウナギ目シギウナギ科
◆ 全長1.4m
◆ 世界各地の深海
◆ 100〜4337m
◆ エビ

食うために
細長い口でからめとるのさ!

Q ウナギの祖先は深海生物?

A

日本の川などでとれるニホンウナギ。その産卵場所は大昔からなぞでした。最近の研究で、ウナギは、日本から遠くはなれた赤道近くの太平洋の海山（海底にある山）で産卵することがわかりました。さらに、さまざまなウナギのなかまのDNA（細胞の中にある、親から子へ情報を伝える物質）を調べた結果、ウナギの祖先は深海にすんでいたこともわかりました。ニホンウナギなどは、祖先が生まれた安全な深海で産卵し、えさの豊かな川や浅い海で成長するようになったと考えられているのです。

ニホンウナギ
西太平洋のグアム島近くの深海で生まれます。生まれたばかりの子どもは、潮の流れに乗って日本の近くまで運ばれます。少し成長してから、川や浅い海でさらに成長します。5～10年しておとなになると、何千kmもはなれた生まれ故郷の海山にもどり、産卵します。

食う戦略

シギウナギのなかま

シギウナギの一種
Nemichthys sp.

写真は、「ハイパードルフィン」（→P.17）によって、駿河湾戸田沖の水深1397mで撮影されました。好奇心が強いのか、ゆっくりともぐっている潜水調査船に、ついて泳いでくることもあります。
◆脊索動物門ウナギ目シギウナギ科

クロシギウナギ
Avocettina infans

シギウナギより小さく、より深い海にいます。口は、シギウナギと同じように大きく外側に向かって反っているので、先はしまりません。
◆脊索動物門ウナギ目シギウナギ科
◆全長75cm ●世界各地の深海
◆50～4570m ●甲殻類

◆門名 目名 科名 ◆大きさ ◆分布 ◆水深 ◆食べもの

〈食うために〉

変身して、えものをつかまえるのさ!

ふだんは、とうめいなからだに天使の羽根が生えたようなすがたで、冷たい海をゆったりと泳ぐわたしたち。「海の妖精」とか「流氷の天使」とかよばれて、水族館の人気者なんだ。北海道の海にもいるよ。
だけど、えものを見つけたら、天使のすがたから悪魔のすがたに変身さ。頭の上からバッカルコーンという特別製の武器を飛びださせて、えものをつかまえるんだ。

わたしの名は ハダカカメガイ(クリオネ)

バッカルコーン

翼足

内臓

ハダカカメガイ(クリオネ)
Clione limacina limacina
貝殻はありませんが、巻き貝のなかまです。翼足というひれのような部分を動かして泳ぎます。子どものときには貝殻がありますが、成長するとなくなります。えものをつかまえるときは、6本のバッカルコーンを出してとらえます。

◆軟体動物門真後鰓目ハダカカメガイ科
◆全長2〜3cm ◆北太平洋の冷水域
◆表層〜中層 ◆ミジンウキマイマイ

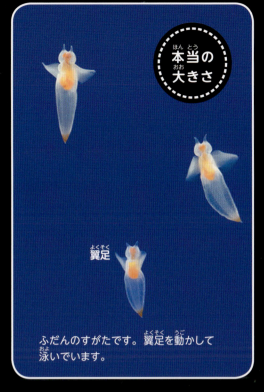

本当の大きさ

翼足

ふだんのすがたです。翼足を動かして泳いでいます。

泳ぐ貝たち

翼足

ヒラカメガイ
Diacria trispinosa

ハダカカメガイに近いなかまです。大きな翼足で泳ぎます。英名はsea butterfly（海のチョウ）。泳ぐすがたが、チョウが飛んでいるように見えることからつけられました。
◆軟体動物門真後鰓目カメガイ科
◆殻の長さ9㎜　◆世界各地の海
◆0〜4800m
◆プランクトン

カメガイの一種
Cavolina sp.

カメガイのなかまは、小さな円すい形やカメの甲らのような殻など、さまざまな形の殻をもっています。すべて泳ぐ貝です。
◆軟体動物門真後鰓目カメガイ科

ハダカゾウクラゲの一種
Pterotrachea sp.

クラゲという名前がついていますが、これも巻き貝のなかまです。写真はメキシコ湾の水深0〜200mで採集されたものです。右が頭部です。とうめいで長い頭がゾウの鼻のように見え、クラゲのようにゼラチン質のからだをしていることが名の由来です。
◆軟体動物門新生腹足目ハダカゾウクラゲ科

Q ハダカカメガイのえものは？

A ハダカカメガイは、成長すると貝殻がなくなる泳ぐ貝です。えものは、ミジンウキマイマイという、殻の直径が8㎜ほどの小さな泳ぐ貝です。ハダカカメガイは、ミジンウキマイマイをつかまえると、殻から身を引きずりだして食べます。

翼足

ミジンウキマイマイ（→P.129）
殻から出した翼足を動かして泳ぎます。

食う戦略

食うために

長い触手に
くっつけるのさ！

口

櫛板

わたしの名は

テマリクラゲ

テマリクラゲといっても、
クラゲのなかまじゃないよ。
からだに櫛の歯のような
小さな毛がたくさんならんだ
8列の櫛板があって、
それを動かして泳ぐ
クシクラゲのなかまだよ。
丸いからだの何倍もある長い触手が、
わたしたちの武器。
ふだんは丸いからだの中に
しまっているけど、
食事のときは、それをのばす。
触手にプランクトンをくっつけて、
口に運んで食べるのさ。

テマリクラゲの一種
Pleurobrachia sp.
潜水調査船のライトを反射して、虹色に光っていますが、自分でも弱い光を出すことができます。触手は、丸いからだの10倍ほどの長さになるものもいます。その表面はべたべたしていて、ここにプランクトンなどのえものをくっつけ、口に運びます。
◆有櫛動物門フウセンクラゲ目テマリクラゲ科
◆動物プランクトン

深海のクシクラゲのなかま

フウセンクラゲ
Hormiphora palmata

細長いだ円形のからだから、長い触手を出してプランクトンをくっつけて食べます。世界各地の深海にいますが、日本の沿岸でも多く見られます。
- ◆有櫛動物門フウセンクラゲ目テマリクラゲ科
- ◆体長1.5〜4.5cm ◆世界各地の深海
- ◆中層〜深層 ◆動物プランクトン

オビクラゲ
Cestum veneris

英名はvenus girdle（ビーナスの帯）。帯のような形ですが、クシクラゲのなかまです。帯のふちに櫛板があります。中央の白い部分が口です。
- ◆有櫛動物門オビクラゲ目オビクラゲ科
- ◆全長1m ◆熱帯〜温帯
- ◆0〜340m ◆動物プランクトン

トガリテマリクラゲの一種
Mertensia sp.

とても力強く泳ぐことができます。写真は、「ハイパードルフィン」が相模湾相模トラフの水深1045mで撮影した画像です。
- ◆有櫛動物門フウセンクラゲ目トガリテマリクラゲ科 ◆体長10cm ◆相模湾（撮影地）
- ◆1045m（撮影地）
- ◆動物プランクトン

ウリクラゲの一種（→P.37）
Beroe sp.

ほかのほとんどのクシクラゲとちがって、ウリクラゲには触手がありません。口が大きく、ほかのクシクラゲや小さな甲殻類などを食べます。
- ◆有櫛動物門ウリクラゲ目ウリクラゲ科
- ◆動物プランクトン

触手

本当の大きさ

別のテマリクラゲの一種が、触手をしまっているところ

食うために **ゆうがに泳ぐのだ！**

膜

口

内臓

本当の大きさ

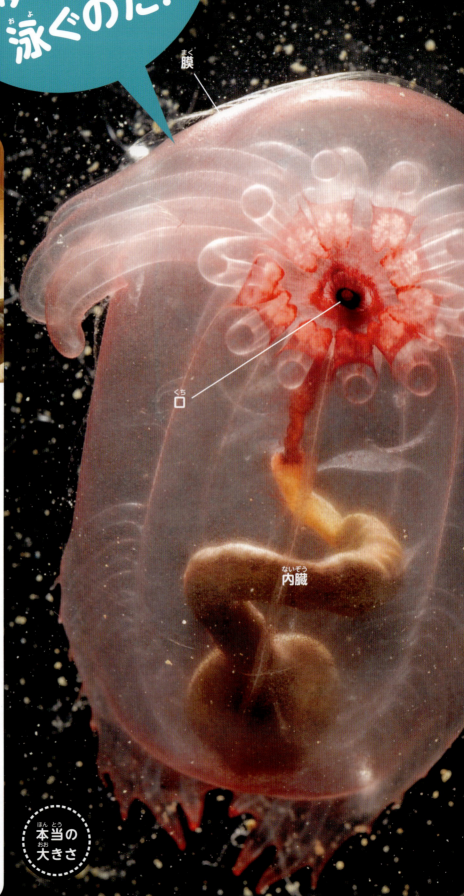

浅い海にいるマナマコ。酢のものなどにして食用にされます。

Q 浅い海のナマコも泳ぐの？

A ナマコは、海底をはって砂やどろを口に入れ、その中の有機物を栄養として取りこみ、いらない砂やどろを肛門から出します。食用になるマナマコなども海底をはいますが、泳ぐことはありません。有機物の少ない深海には、ユメナマコのほかにも泳ぐナマコがたくさんいます。

浅い海の底にいるマナマコ（手前）

とうめいなピンク色のからだで
ゆうがに泳ぐ夢のようなすがたから、
ユメナマコと名づけてもらったんだ。
わたしたちの食べものは、
どろの中の栄養分。深海のどろは、
栄養のあるものが
あまりふくまれていないから、
泳いで、栄養のあるどろのところまで
行かなくちゃならないんだ。
このからだはゼリーのようにもろく
網にかかってもくずれてしまう。
だから君たち人間は、
有人調査船で見にくるまで
わたしたちが泳ぐとは
思わなかったんだね。

いぼ足

わたしの名は
ユメナマコ

ユメナマコ
Enypniastes eximia
からだの前方に12〜14本のいぼ足があり、その間にある膜を使って泳ぎます。食べものであるどろの中の有機物が多い場所に移動するために、泳ぐようになったのではないかと考えられています。
◆棘皮動物門板足目クラゲナマコ科
◆全長20cm　◆世界各地の深海
◆300〜6000m　◆どろの中の有機物

深海のナマコたち

デイマ・バリドゥム
Deima validum
オニナマコのなかまです。2010年に、北大西洋の水深2500mで撮影されました。
◆棘皮動物門板足目オニナマコ科
◆世界各地の深海　◆880〜5320m
◆どろの中の有機物

カンテンナマコの一種
Laetmogone sp.
寒天はゼリーのような食品です。からだが寒天に似ていることから、この名前がつけられました。
◆棘皮動物門板足目カンテンナマコ科
◆どろの中の有機物

管足

センジュナマコ
Scotoplanes globosa
背中に長いいぼ足があります。管足という太い足で海底を歩いています。
◆棘皮動物門板足目クマナマコ科
◆全長8cm
◆世界各地の深海
◆500〜7000m
◆どろの中の有機物

ウカレウシナマコ
Peniagone dubia
浮かれているように泳ぐすがたから、名づけられました。写真は、「しんかい2000」（→P.16）が、1998年に南海トラフの水深1757mで泳ぐすがたを撮影したものです。
◆棘皮動物門板足目クマナマコ科
◆全長10cm　◆太平洋・オホーツク海
◆1500〜2850m　◆どろの中の有機物

オケサナマコ
Peniagone leander
1992年、「しんかい6500」の潜航調査のとき、水深3760mで撮影されました。海底からジャンプするように泳ぎます。
◆棘皮動物門板足目クマナマコ科
◆全長30cm　◆太平洋
◆3700〜5000m
◆どろの中の有機物

キャラウシナマコ
Peniagone azorica
クマナマコ科のナマコは、泳ぐものが多く、このナマコも泳ぎます。
◆棘皮動物門板足目クマナマコ科
◆全長10cm　◆太平洋・大西洋
◆2200〜8300m　◆どろの中の有機物

食う戦略

◆門名　◆目名　◆科名　◆大きさ　◆分布　◆水深　◆食べもの

わたしの名は オオグチボヤ

本当の大きさ

入水孔

食うために
大口をあけて
じっと待つのだ!

わたしたちは、君たち人間が、
お刺身や酢のもので食べるホヤのなかまだよ。
えさをとるとき、浅い海にいるホヤたちは、
細かい毛を動かして体内に海水を取りこみ、
水の中のプランクトンをこしとって食べている。
わたしたちには、そういう細かい毛がないんだ。
潮の流れに乗ってえさが流れこんでくるのを、
入水孔という大きな口をあけてじっと待つ作戦。
エビや小さなプランクトンなんかが入ると口をとじるよ。

オオグチボヤ *Megalodicopia hians*

潮の流れに向かって入水孔をあけ、小さなプランクトンが入ると丸のみし、出水孔という上にあるあなから水だけ出します。富山湾などでは、大きいものから小さいものまで、たくさんのオオグチボヤが群れている場所が発見されました。

◆脊索動物門マメボヤ目オオグチボヤ科
◆高さ26㎝　◆太平洋・南極海など
◆160〜5270m　◆小型の甲殻類やプランクトン

富山湾で撮影された群れです。どのオオグチボヤも、水が流れてくる方向を向いています。入水孔をとじているものもいます。

じっと待つ戦略の深海生物たち

オオイトヒキイワシ
Bathypterois grallator

魚なのにあまり泳がず、2本の胸びれと1本の尾びれで海底に立つようにして、じっとしています。これらのひれで、えものの動きなどを感じることができます。

◆脊索動物門ヒメ目チョウチンハダカ科
◆体長30㎝　◆大西洋・太平洋・インド洋
◆878〜4720m　◆プランクトン

タテゴトカイメン
Chondrocladia lyra

2000年に、モントレー湾水族館研究所が発見した肉食のカイメンです。横にもたてにも枝をのばすように広がり、小さなエビなどがひっかかると膜でつつんで消化します。

◆海綿動物門多骨海綿目エダネカイメン科
◆高さ36㎝　◆北カリフォルニア沖
◆3300〜3500m　◆肉食

Q ホヤは脊椎動物に近い生きもの?

A ホヤは尾索動物といって、わたしたち背骨のある脊椎動物と同じ、脊索動物（→P.123）です。脊索動物は成長の一時期でも脊索をもつ生きものです。脊索は背中にある棒状の器官で、脊椎動物は胎児のときだけあり、背骨ができるとなくなります。ホヤは子どものときは脊索があって泳ぎますが、おとなになると脊索は消え岩などにくっつきます。

ホヤの一種の子ども。オタマジャクシのような形をしています。尾を動かして泳ぎます。

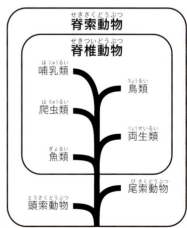

脊索動物の進化の流れ（→P.122）。脊椎動物と、ゲイコツナメクジウオ（→P.53）などの頭索動物、オオグチボヤなどの尾索動物を合わせて脊索動物といいます。わたしたち脊椎動物は、ナメクジウオよりホヤに近い生きものです。

わたしは、世界の海でもっとも深い
マリアナ海溝チャレンジャー海淵の水深10899m出身。
1998年に、無人探査機「かいこう」（→P.17）がやってきて
発見されたんだよね。こんなに深い海に、
わたしたちのなかまがとってもたくさんいたから
みんなびっくりしていたっけ。
深海はどこも食べものが少ないけれど、
水深10000メートルをこえると、さらに少なくなる。
だから、わたしたちは死んだ動物も食べるし、
しずんできたくさった木も消化できるんだよ。
え？　君たちは、木を食べることができないの？

わたしの名は カイコウオオソコエビ

食うために くさった木だって消化するのだ！

本当の大きさ

カイコウオオソコエビ *Hirondellea gigas*

世界一深い海で生きる生きもののひとつです（→P.87）。まっ暗な深海にいるので、眼は退化しています。動物の死がいも食べますが、木も消化することができるようです。

- ◆節足動物門端脚目ヒロンデレイダエ科
- ◆全長約4cm
- ◆マリアナ海溝・フィリピン海溝・日本海溝など
- ◆6000～10920m　◆動物の死がいや木

Q わたしたち人間は、なぜ木を消化できないの？

A 木には、セルロースという物質が多くふくまれています。わたしたちは、動物や植物を食べて、体内で分解して栄養にしますが、セルロースを分解できず消化することはできません。カイコウオオソコエビは、体内に、セルロースを分解する物質をもっていることがわかりました。

森の倒木。木のセルロースを効率よく分解できれば、これらを石油にかわるエネルギー源として利用することができます。そうすれば、世界のエネルギー問題も解決できるかもしれません。カイコウオオソコエビの研究に期待が集まっています。

食う戦略

木を消化できる動物たち

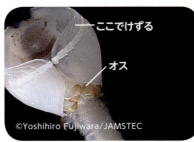

ここでけずる／オス

メオトキクイガイの一種
Xylopholas sp.

深海にしずんだ木にあなをあけて、けずりかすを食べる二枚貝です。左の写真はメス。殻のふちで木をけずります。オスはとても小さく、メスにくっついています。相模湾の水深1150mで採集されました。
- ◆軟体動物門オオノガイ目ニオガイ科
- ◆1150m（採集地）　◆木

殻

フナクイムシの一種
Teredinidae gen. sp.

こちらも、深海に沈んだ木にあなをあけて、けずりかすを食べる二枚貝です。木の船を食べてあなをあけることが名前の由来です。小さな殻の先でけずります。からだの中に、木のセルロースを分解する細菌がいます。
- ◆軟体動物門オオノガイ目フナクイムシ科
- ◆木

食うために
クジラの骨にめりこむのだ！

わたしの名は
ホネクイハナムシ

わたしたちの名前を漢字で書くと「骨食い花虫」。
骨のまわりに花が咲いたように見えることと、
骨を分解して栄養にできることから
名づけられたの。
じつは、君たち人間がつりのえさにする
イソメに近い生きものなんだ。
わたしたちには、口も肛門もなくて、
クジラの骨に根のような部分をめりこませて、
骨から栄養を吸収して生きている。
食べものの少ない深海で生きる
わたしたちにとっては、
クジラの骨はごちそうなんだ。

えら

©Yoshihiro Fujiwara/JAMSTEC

ホネクイハナムシ
Osedax japonicus

見えているのは全部メスで、オスは顕微鏡でないと見えない大きさです。クジラの骨から突きでた赤い部分はえら。根のような部分を骨にうめこみ、骨から栄養を吸収します。からだのまわりにねん液のまゆをつくり、その中に卵を産みます。

◆環形動物門ケヤリムシ目シボグリヌム科
◆体長9mm（メス）
◆東シナ海鹿児島県沖
◆200〜250m
◆クジラの骨

本当の大きさ

クジラの骨についたホネクイハナムシの一種。2012年、相模湾の水深491mで採集されているところです。

ねん液のまゆ

クジラの骨

Q クジラの死がいは、ごちそう？

A 生きものの少ない深海では、巨大なからだをしたクジラの死がいは、たいへんなごちそうです。ホネクイハナムシのほかにも、肉を食べるもの、骨を食べるものなど、たくさんの生きものが集まってきます。

イタチザメ
クジラが死んで深海にしずむと、イタチザメなどのサメが浅い海からやってきて肉を食べます。

エゾイバラガニ（→P.127）
ヤドカリに近いなかまで、全身が、まっ赤な色をしています。写真は、クジラの頭の部分を食べているところです。

ヒラノマクラ
骨がくさって、わたしたち人間にとっては有毒な硫化水素などが発生するようになると、骨にくっつく二枚貝です。その硫化水素を必要とする化学合成細菌（→P.57）をえらに共生させて栄養をもらっています。

©Yoshihiro Fujiwara/JAMSTEC

ゲイコツナメクジウオ（→P.49）
わたしたち脊椎動物の祖先ともいえる動物です。ふつうのナメクジウオはきれいな水にいますが、ゲイコツナメクジウオはくさったクジラの骨の下にいます。その生態は、まだなぞにつつまれています。

食う戦略

わたしたちは、熱水噴出孔という、海底から熱水がふきだしている場所にすんでいるんだ。
だから、かまゆでにされた伝説の大泥棒、石川五右衛門から名前をつけてもらったよ。
食べものは、目に見えないほど小さな細菌。その細菌は、熱水にふくまれている、君たち人間にとっては有毒な硫化水素などを利用して生きている。
わたしたちは、その細菌を胸毛に飼って食べているんだ。

わたしの名は

ゴエモンコシオリエビ

ゴエモンコシオリエビ
Shinkaia crosnieri
ヤドカリに近いなかまで、まっ白い毛におおわれています。胸から腹にかけてたくさんある毛に化学合成細菌（→P.57）を飼い、口の下にある短いあしですきとって食べます。
◆節足動物門十脚目コシオリエビ科
◆甲らの長さ5cm
◆沖縄周辺の熱水噴出孔・台湾沖のメタン湧水域（メタンがわいている場所）
◆700〜1600m　◆細菌

本当の大きさ

口
胸

食うために
胸毛に細菌を飼っているのだ！

細菌を飼って食べる生きものたち

イエティクラブ
Kiwa hirsuta

2005年にフランス海洋開発研究所の研究者らが発見しました。白くて毛深いので、伝説の雪男イエティが名前の由来。はさみにはえた毛に、細菌を飼って食べています。
◆節足動物門十脚目キワ科 ◆全長15cm
◆南太平洋 ◆2200m ◆細菌

イエティクラブの一種
Kiwa sp.

イエティクラブは2005年に発見されたあと、同じなかまがいくつか見つかっています。写真の個体は2011年にインド洋で発見されました。腹側にもたくさんの毛が生えています。
◆節足動物門十脚目キワ科 ◆インド洋
◆2700m ◆細菌

カイレイツノナシオハラエビ(→P.89)
Rimicaris kairei

からだの内側に、たくさんの化学合成細菌を飼っています。このエビのからだの成分に細菌のからだの成分がふくまれているので、細菌を食べていると考えられます。
◆節足動物門十脚目オハラエビ科
◆体長7cm以上(最大) ◆インド洋
◆2500〜3300m ◆細菌

Q 深海生物は、水槽で飼えるの？

A 深海にすんでいる深海生物を、地上の水槽で飼うのはかんたんではありません。光や温度、圧力などが深海と地上では、あまりにもちがうからです。でも、水温を調整するなど、さまざまな工夫をすることによって、水槽で飼える深海生物もいます。

日本科学未来館で飼育されているオスのユノハナガニの「田子作」です(2016年現在)。深海生物のなかでは、飼育がそれほどむずかしくない生きもののひとつです。水温に注意しながら飼育されています。

新江ノ島水族館(→P.130)で飼育されているダイオウグソクムシ(→P.120)。巨大なダンゴムシのなかまです。この水族館の展示「深海Ⅰ」では、ほかにもゴエモンコシオリエビやメンダコ(→P.90)などの深海生物も飼育されています(2016年現在)。

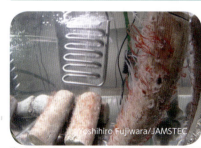

JAMSTEC(→P.131)の研究室の水槽で飼育されているホネクイハナムシ(→P.52)。クジラの骨にからだをめりこませて生きています。水槽の中で卵が生まれ、それが親になるまでの観察も行われ、たくさんのなぞが解明されつつあります。

食うはずなのに口も肛門もなくなったのだ！

本当の大きさ

——えら

わたしたちは、1977年にはじめて発見されたんだ。世界中の科学者がすごくおどろいて、「20世紀最大の発見のひとつ」なんていわれているよ。深海に熱水がふきだす場所があるだけでもおどろきだったのに、そのまわりに、わたしたちだけじゃなくてたくさんのふしぎな生きものが見つかったからね。その上、わたしたちは長い管のようなすがたで、動物なのに何も食べないことがわかったんだもの。じつは、からだの中にぎっしり細菌を飼っていて、彼らがつくってくれる栄養をもらって生きているんだよ。

ガラパゴスハオリムシ
Riftia pachyptila

ゴカイのなかまですが、口も消化器も肛門もありません。赤いのはえら。長い部分は巣で、その中に栄養体というやわらかいからだが入っています。栄養体の中には細菌がいて、その細菌が硫化水素などを利用してつくる栄養をもらっています。硫化水素などは熱水にふくまれているため、ガラパゴスハオリムシは、熱水のそばに群れているのです。

- ◆環形動物門ケヤリムシ目シボグリヌム科
- ◆長さ3m（最大）
- ◆東太平洋の熱水噴出域など
- ◆1800～3050m
- ◆細菌からの栄養

わたしの名は

ガラパゴスハオリムシ

化学合成細菌ってどんな生きもの？

ガラパゴスハオリムシの体内にいる細菌は、植物の葉緑体が光合成を行うように、エネルギーを使って二酸化炭素から栄養をつくる化学合成を行います。このような細菌を、化学合成細菌といいます。ハオリムシは、何も食べなくても、その栄養をもらって成長することができます。

光合成のしくみ

植物の細胞の中にある葉緑体は、太陽の光のエネルギーを使って、二酸化炭素と水から栄養をつくります。これを光合成といいます。植物は、何も食べなくても、その栄養で成長することができます。

化学合成のしくみ

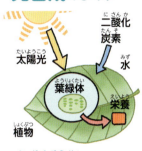

ハオリムシの栄養体の中にいる化学合成細菌は、硫化水素が水中の酸素と結びつくときに発するエネルギーを使い、二酸化炭素から栄養をつくります。細菌はハオリムシにすむ場所をあたえられ、ハオリムシは細菌から栄養をもらい共に生きています。このような関係を共生（→P.127）といいます。

食う戦略

化学合成細菌と共生している生きものたち

©Yoshihiro Fujiwara/JAMSTEC

サツマハオリムシ
Lamellibrachia satsuma

ガラパゴスハオリムシに近い生きものです。鹿児島湾で発見されました。つつのような巣の中のやわらかい栄養体に、化学合成細菌を共生させています。

- ◆環形動物門ケヤリムシ目シボグリヌム科
- ◆長さ50～100㎝　◆鹿児島湾など
- ◆80～430m　◆細菌からの栄養

ナラクハナシガイ
Axinulus hadalis

1998年に日本海溝の水深7300～7400mという超深海で発見された二枚貝です。海底に少しもぐっています。えらの中に、2種類の化学合成細菌を共生させています。

- ◆軟体動物門異歯目ハナシガイ科
- ◆殻の長さ3.5㎝　◆日本海溝
- ◆7326～7434m　◆細菌からの栄養

シマイシロウリガイ
Calyptogena okutanii

硫化水素などをふくむ冷たい海水がわく場所や熱水噴出域にいます。えらの細胞の中に化学合成細菌を共生させて、その細菌がつくる栄養をもらっています。

- ◆軟体動物門異歯目オトヒメハマグリ科
- ◆殻の長さ15㎝　◆相模湾・沖縄トラフなど
- ◆750～2100m　◆細菌からの栄養

とうめいが
いちばん！

光って
かくれろ！

2章 食われない戦略

深海はかくれる場所のない、まっ暗な世界です。
そこに生きる動物たちは、いつも敵にねらわれています。
そのため深海の生物たちは、さまざまな
「食われない戦略」をもって生きぬいています。

光る
身がわり
投入だ！

> 食われないために
> 巨大になったのだ！

わたしの名は ダイオウイカ

わたしが、大昔から「海の魔物」とおそれられてきたダイオウイカだ。
君たち人間がふだん食べているヤリイカの胴の長さは30cmくらいだが、わたしは5m。
うでの長さも入れると20m近くになるものもいる。
2012年に、世界ではじめて泳ぐ姿が撮影されるまで、なぞの存在だった。
でも、たった1度撮影されただけだから、君たちにとっては、まだなぞだらけだろうけれどね。
これだけ大きくなると、天敵のマッコウクジラ（→P.26）以外、
わたしをおそうものはほとんどいないのさ。

深海で泳ぐダイオウイカの皮膚は、陸上に引きあげられた死がいとはちがい、美しくかがやいていました。

ダイオウイカのなかま

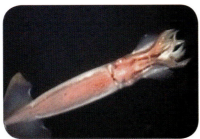

アカイカ
Ommastrephes bartramii

からだが赤紫色なので、ムラサキイカともよばれます。いきおいよく泳ぎ、海面から飛びだすことがあるので英名はflying squid（飛ぶイカ）。食用になります（→P.128）。
◆軟体動物門ツツイカ目アカイカ科
◆胴の長さ45cm ◆世界各地の海
◆2～2809m ◆小型の魚類やイカ

アメリカオオアカイカ
Dosidicus gigas

体重50kgにもなる大きなイカです。人とくらべるとその大きさがわかります。1000びき以上の群れで時速24kmほどの速さで泳ぎます。冷凍食品などで食用になります。
◆軟体動物門ツツイカ目アカイカ科
◆胴の長さ175cm ◆東太平洋
◆15～750m ◆小型の魚類やイカ

© 海洋博公園・沖縄美ら海水族館

本当の大きさ

写真は、沖縄美ら海水族館（→P.130）のダイオウイカの標本の触腕です。体長6.87m、体重63kg。沖縄県うるま市沖の水深500mで捕獲されました。

全身のようす

ダイオウイカ *Architeuthis dux*

巨大になる理由は不明ですが、大きくなることでおそわれにくくなるとも考えられています。マッコウクジラのからだの表面には、ダイオウイカのものと思われる吸盤のあとがついていることもあり、深海で、マッコウクジラとダイオウイカの死闘がくりひろげられていると考えられています。
◆軟体動物門ツツイカ目ダイオウイカ科
◆全長18m（最大） ◆温帯外洋の中層～深層
◆600～1000m ◆イカや魚類

Q ダイオウイカより重い巨大イカ発見?

A 全長約10m、体重500kg。南極沖で、ダイオウホウズキイカという巨大なイカが発見されました。ダイオウイカ同様発見数が少ないのですが、ダイオウホウズキイカのほうが、胴が太く体重も重い種なのではないかと考えられています。

ダイオウホウズキイカ

吸盤にはかぎづめがあります。このつめを武器に、マッコウクジラと戦うとも考えられています。写真は、2014年、南極海で発見されたときのようす。まだほとんど発見例がありません。

食われない戦略

◆門名 ◆目名 ◆科名 ◆大きさ ◆分布 ◆水深 ◆食べもの

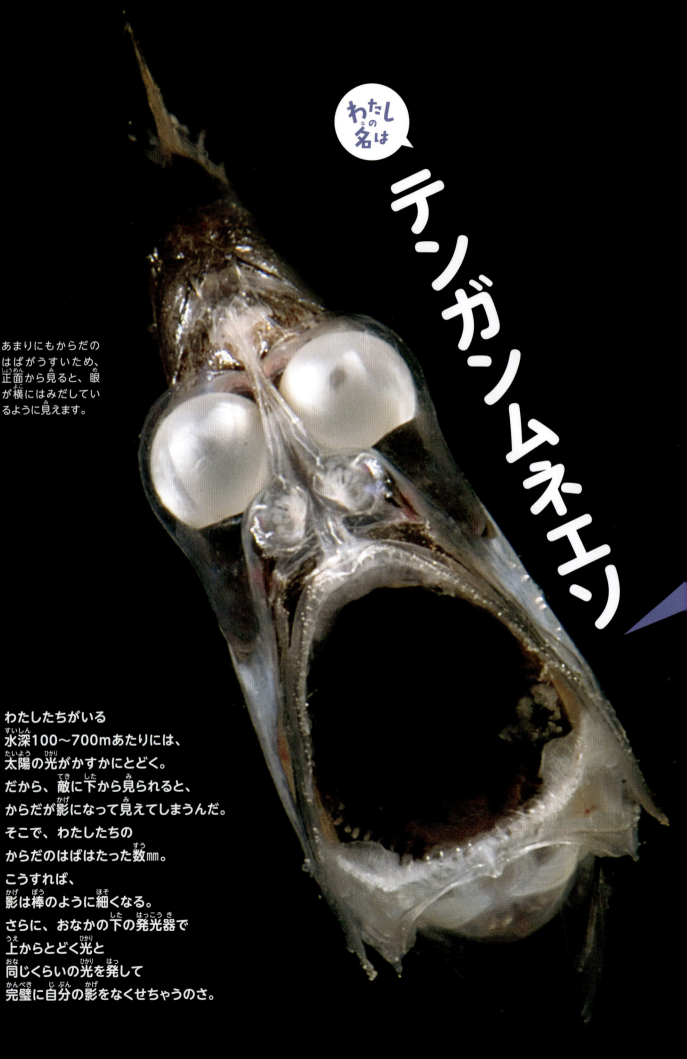

わたしの名は

テンガンムネエソ

あまりにもからだの
はばがうすいため、
正面から見ると、眼
が横にはみだしてい
るように見えます。

わたしたちがいる
水深100〜700mあたりには、
太陽の光がかすかにとどく。
だから、敵に下から見られると、
からだが影になって見えてしまうんだ。
そこで、わたしたちの
からだのはばはたった数㎜。
こうすれば、
影は棒のように細くなる。
さらに、おなかの下の発光器で
上からとどく光と
同じくらいの光を発して
完璧に自分の影をなくせちゃうのさ。

本当の大きさ

発光器

テンガンムネエソ
Argyropelecus hemigymnus

うすいからだに大きな眼をもっています。自分の影は消しつつ、敵やなかまの光や影を見るためには、大きい眼が必要なのです。上からの光によってできてしまう自分の影を消すために、からだを光らせることを、カウンターイルミネーションといいます。

- ◆脊索動物門ワニトカゲギス目ムネエソ科
- ◆体長4㎝
- ◆世界各地の深海
- ◆0～2400m（多くは100～700m）
- ◆小型の甲殻類やプランクトン

食われないために

光ですがたをかくすのさ！

Q ほかにも光で影を消すカウンターイルミネーションをする生きものはいるの？

A 自分の影を消すために、全身を光らせるもの、腹部だけ光らせるもの、また、とうめいにできない眼の下だけを光らせるものなど、さまざまな生きものがいます。

発光器

トガリムネエソ

テンガンムネエソと同じムネエソ科の魚です。ムネエソのなかまの多くは、からだがうすく、腹部に発光器をもち、自分の影を消して見つからないようにしています。さらに全身が銀色なので光をいろいろな方向へ反射して、からだが見えにくくなっています。

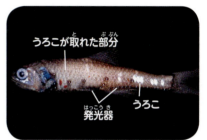

うろこが取れた部分
発光器　うろこ

ハダカイワシの一種

網にかかるとうろこが取れて丸はだかになることから名づけられました。ハダカイワシのなかまは、水深200～1000mあたりに数多くいて、さまざまな深海生物の食料になっています。自分の身をかくす発光器が、全身にたくさんついています。

発光器

メダマホウズキイカ

からだはとうめいで敵から見つかりにくいのですが、大きな眼だけはとうめいにできず、そのままでは影ができてしまいます。眼の下の発光器で、眼がつくる影を消していると考えられています。

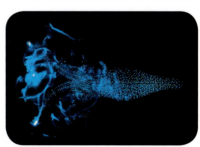

ホタルイカ

食用になります（→P.128）。胴は長さ7㎝ほど。全身に700～1000個もの発光器があり青白く光ります。光で影を消すほか、なかまどうしで合図をしたり敵をおどろかせていると考えられています。

わたしの名は ユウレイオニアンコウ

食われないために
とうめいになってかくれるのだ！

ユウレイオニアンコウ
Haplophryne mollis
皮膚に色素がないので、かなりとうめいに近く、骨や内臓がすけて見えます。写真はメスで、メキシコ湾で捕獲されました。
◆脊索動物門アンコウ目オニアンコウ科
◆体長8cm（メス）
◆世界各地の深海
◆172〜2250m
◆肉食

本当の大きさ

敵からかくれるのに
一番いい方法、
それはたぶん
とうめいになることでしょ。
骨がない、
まるでゼリーのような
クラゲのなかまには
とうめいなものが多いけれど、
わたしたちは
魚なのにとうめいなの。
だからユウレイオニアンコウと
名づけられたのよ。
インドオニアンコウ（→P.96）と
近いなかまだから、
メスのわたしにくらべて
オスはとっても小さいの。

Q 深海には、ほかにもとうめいな生きものがいるの？

A かくれる場所のない深海で自分のすがたをかくすために、ほかにも、全身がとうめいになった生きものがいます。

内臓

スカシダコ

全身がとうめいなので、ガラスダコともよばれています。海の浅い場所にいるタコは岩陰などにかくれることができますが、深海にはかくれる場所がありません。でも、からだがとうめいだとすがたをかくすことができます。

サメハダホウズキイカ

サメハダの名のとおり、からだの表面がサメのはだのようにざらざらしているとうめいなイカです。全身がとうめいですが、とうめいにならない内臓の部分が影をつくらないように、からだの角度を変えるときは、なるべく内蔵をたてに立てるようにして泳いでいます。

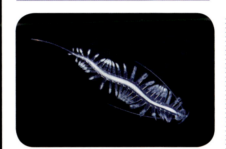

オヨギゴカイ

体長は3～4cmで、全身がとうめいです。オホーツク海から北太平洋の深海にいます。つりえさにするゴカイのなかまです。ゴカイは浅い海の海底にいますが、オヨギゴカイは、その名のとおり海中を泳ぎます。

ウナギの一種の子ども

ウナギは深海で生まれます（→P.41）。子どものときは、うすくてとうめいな葉っぱのようなすがたをしています。これは、敵に見つからずに、海流に乗って長い旅をするのに有利なすがたです。

食われない戦略

リュウグウノツカイ
Regalecus russelii

からだのはばがせまく、細長い形をしています。泳ぐすがたはほとんど目撃されませんが、まれに海岸に打ちあげられることがあります。
◆脊索動物門アカマンボウ目 リュウグウノツカイ科
◆体長8m（最大）
◆世界各地の深海
◆中層
◆小型の魚類、甲殻類、イカ

食われないために

たてになってかくれるよ！

わたしの名は

リュウグウノツカイ

© 新潟市水族館マリンピア日本海

写真は、2016年2月に日本海の佐渡沖で、生きたまま捕獲されたリュウグウノツカイです。全長3.3m、体重14.5kg。その後新潟市水族館マリンピア日本海で、しばらく展示されました。

わたしたちは、泳ぐとき、
からだをたてやななめにして泳ぐよ。
そのほうが、下から見たときの影が
小さくなって見つかりにくいでしょ。
昔の人は、わたしのすがたを見て
人魚だと思ったといわれているよ。
銀白色のからだに赤い背びれを
波打たせて泳ぐすがたは、
船から見ると人魚に見えたのかな。

体長23cmほどの、リュウグウノツカイの子どもです。からだをたてにして泳いでいます。

アメリカ西海岸に打ちあげられたリュウグウノツカイです。からだがとても長いことがわかります。

本当の大きさ

Q ほかにも、ふしぎな動きをする魚がいる?

A 深海には、ほかにも、ふしぎな動きをする魚がいます。

イトヒキイワシの一種(→P.85)
ナガヅエエソ(→P.25)に近いなかまです。魚なのにあまり泳がず、長い腹びれと尾びれで海底に立つようにして、えものが流れてくるのを待ちぶせしています。写真は大西洋のブラジル沖、水深3100mで撮影されたものです。

シダアンコウの一種(→P.29)
アンコウのなかまは、丸みのある体型で、あまり泳がないものが多いです。ところが、シダアンコウのなかまは細長い体形で、すばやく泳ぐことができ、泳ぐときは、上下さかさまになって泳ぎます。

食われない戦略

君たち人間の世界では、赤は目立つ色でしょ?
信号機の止まれも赤、目立たせたい注意書きも赤。
だけど、
深海では赤いものは黒く見えて目立たないんだ。
なぜなら、
赤い光はここまでとどかないからね（→P.8）。
アンコウのなかまは
みんな目立たない色をしている。
わたしは赤だけど、深海で目立たない色は
それだけじゃない。
チョウチンアンコウ（→P.28）は黒、
ユウレイオニアンコウ（→P.64）はとうめい、
ほら、どれも目立たない色でしょ。

食われないために 地味な色になったのだ?!

©Yoshihiro Fujiwara/JAMSTEC

わたしの名は **ミドリフサアンコウ**

ミドリフサアンコウ *Chaunax abei*

丸みのある体形をしています。水深90〜500mで観察されていますが、水深130mあたりに、とくに多くいます。このあたりには、まだ弱く光がとどきます。赤いからだの色は深海では目立たないので、えものにも敵にも見つかりにくくなっています。からだに緑色のもようがあり、ふさのようなものがあることが名前の由来だといわれています

- ◆脊索動物門アンコウ目フサアンコウ科
- ◆体長33cm
- ◆西太平洋
- ◆75〜500m（おもに130mあたり）
- ◆小型の動物など

相模湾初島沖の水深306mで撮影されたミドリフサアンコウです。

本当の大きさ

Q 赤色は目立たない？

A 地上で赤く見える魚は、赤い光を反射するために赤く見えます。赤い光がとどきにくい深海では、赤い魚は黒く見えるので目立たないのです。深海には、ほかにも赤い生きものがたくさんいます。

アカザエビ
はさみが長いので地方によってはテナガエビともよばれます。高級な食材として、フランス料理などに使われます（→P.128）。ザリガニのなかまで、おもに水深200〜400mにいます。入り口と出口のあるトンネルのような巣あなをつくります。

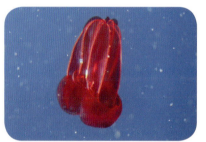

アカカブトクラゲ
テマリクラゲ（→P.44）と同じクシクラゲのなかまです。あざやかな赤いからだの中に、たてに櫛板が見えます。2枚のひれのような突起をはばたかせながら、水中をゆうがに泳ぎます。

オオサガ
水深400〜800mあたりに多くいるカサゴのなかまで、メヌケともよばれます。大きいものは、体長60cmほどになります。食用になるので、北海道や東北の太平洋側で漁がおこなわれています。なべ料理や煮つけなどにして食べます。

ベニズワイガニ
食用になります（→P.128）。日本海やオホーツク海の水深800〜1500mあたりの海底に多くいます。甲らのはばは12cm。生きているときから全身が赤い色をしています。写真は、日本海の福井県沖、水深1595mで撮影されたものです。

食われない戦略

食われないために

赤いカーテンで食べたものをかくすのさ！

深海には、
光る生きものがたくさんいるんだ。
かくれたり（→P.62）、
えものをさそったり（→P.28）、
それから、まっ暗な深海で
なかまに合図を送るのにも
光を使うからね。
わたしたちは、せっかく見つかりにくい
とうめいなからだをしているけれど、
光るえものを食べると
おなかの中のえものの光で
敵に見つかってしまう。
だから、とうめいな傘の中にある
胃のまわりを、赤いカーテンで
おおって、食べたものの光を
かくしているんだよ。

深海のふしぎなクラゲたち

わたしの名は アカチョウチンクラゲ

本当の大きさ

アカチョウチンクラゲ *Pandea rubra*
とうめいな傘は細長く、鐘のような形をしています。この傘の内側にカーテンのような赤い傘があります。赤は深海では黒く見えるので(→P.68)、光るえものを食べても、敵から見つかりにくいと考えられています。
- ◆刺胞動物門アントアテカータ目エボシクラゲ科
- ◆傘の高さ7.5cm以下
- ◆太平洋・大西洋・南大洋
- ◆2700m以浅（日本近海では450～1000m）
- ◆プランクトンや小型の魚類

クロカムリクラゲ
Periphylla periphylla
傘は円すい形でゼラチン質は厚みがあります。傘のふちから、かたい12本の触手が出ています。泳ぐときは、この触手を傘の上のほうに向けます。
- ◆刺胞動物門カムリクラゲ目クロカムリクラゲ科
- ◆傘の直径20cm以下
- ◆世界各地の深海
- ◆0～5316m　◆プランクトン

ユビアシクラゲ
Tiburonia granrojo
赤茶色の傘は球形に近い形で、触手はなく、口のまわりに4～7本の口腕という太い指のような形のものがのびています。写真は、北海道東沖の水深1252mで撮影されたものです。
口腕
- ◆刺胞動物門旗口クラゲ目ミズクラゲ科　◆傘の直径75cm以下
- ◆北太平洋　◆290～1500m
- ◆プランクトン

ダイオウクラゲ
Stygiomedusa gigantea
大きなものは口腕が6mにもなります。観察例の少ないめずらしいクラゲです。写真は、小笠原沖の水深783mで撮影されたものです。長い口腕をゆっくり動かしながら泳いでいました。
- ◆刺胞動物門旗口クラゲ目ミズクラゲ科　◆全長10m（最大）
- ◆世界各地の深海
- ◆6669m（最深）　◆プランクトン

ハッポウクラゲ
Aeginura grimaldii
傘は半球に近い形をしています。8本の触手は傘にささったような形で、泳ぐときは横にのばしていることが多いです。ウミグモのなかま(→P.108)が傘にくっついていることがあります。
- ◆刺胞動物門剛クラゲ目ツヅミクラゲ科　◆傘の直径4.5cm以下
- ◆世界各地の深海　◆中層
- ◆プランクトン

食われない戦略

◆門名　◆目名　◆科名　◆大きさ　◆分布　◆水深　◆食べもの

本当の大きさ

小笠原諸島沖の水深890mで撮影されたコウモリダコです。腕をとじ、ひれを大きくふりながら泳いでいました。

ひれ

コウモリダコ *Vampyroteuthis infernalis*
学名は、「地獄の吸血イカ」という意味ですが、血も吸わないし、イカでもありません。からだも15cmと小さく、プランクトンなどを食べるおとなしい生きものです。膜にくるまってかくれるだけでなく、逃げるときは、さまざまな発光器を光らせて、敵を混乱させます。
◆軟体動物門コウモリダコ目コウモリダコ科
◆全長15cm
◆全世界の温帯～熱帯域
◆1000～2000m
◆プランクトン

タコといっても
タコとは別のグループの生きものだよ。
わたしたちの祖先から、大昔に
わたしたちのグループと、
イカやタコのグループが分かれたんだ。
わたしたちは、大昔のすがたを残している
「生きた化石」(→P.124)とよばれているよ。
うでは8本。今のタコたちと同じだね。
でも、そのうでが膜でつながって
スカートみたいになっているんだ。
敵が近づいたら、それをうらがえして
黒いボールみたいになってかくれるのさ。

Q 深海には、どんなイカやタコがいるの？

A 浅い海にも、いろいろなすがたをしたイカやタコがいますが、深海にも、その環境にあったふしぎなイカやタコがいます。

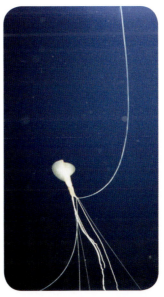

ミズヒキイカ
1998年に新種として名前がつけられたイカです。触腕を長くのばしています。全長7mに達するものもいます。くわしい生態はわかっていません。上の写真は、「しんかい6500」が、1998年にインド洋の水深2340mで撮影したものです。

ユウレイイカの一種
深海で静かにただようと考えられていたことが名の由来です。ところが、潜水調査船による観察で、活発に泳いでえものをとることがわかりました。駿河湾や三陸沖の深海でも観察されています。

クラゲダコ
全身がゼリーのようにとうめいです。海の浅いところにいるタコは、いきおいよく水をはいて泳ぐものが多いのですが、クラゲダコはあまり泳がず、静かに深海をただよっています。

食われない戦略

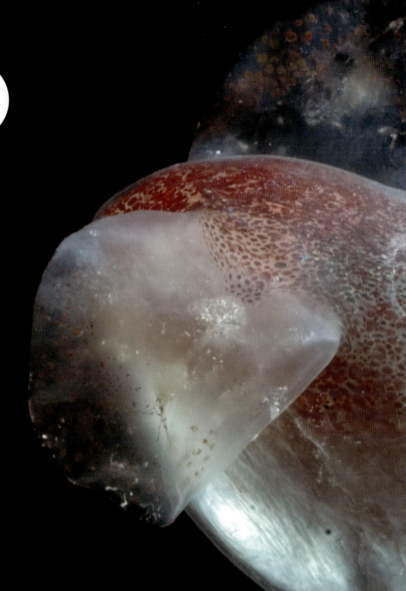

わたしの名は チチュウカイヒカリダンゴイカ

Q イカとタコの墨のちがいは？

A イカもタコも、にげるときに墨をはきますが、その性質や役割はちがいます。イカの墨はねばり気が強く水の中でかたまりますが、タコの墨はねばり気が少ないので水中でうすく広がります。

イカの墨は身がわり

敵が墨に気を取られているすきに、イカはにげることができます。

タコの墨は煙幕

敵はタコを見うしなうので、タコはにげることができます。

だんごのように丸いからだで
光る墨をはくことから、
こんな名がつけられたんだよ。
浅い海のイカは、黒い墨をはいてにげるけれど、
まっ暗な深海で黒い墨をはいても
なんの役にも立たない。
だから、わたしたちの墨は光るんだよ。
光るのは特別な細菌のおかげ。
でも、いつもこの光が見えると
敵に見つかってしまうから、
ふだんは胴の中の袋にしまっているのさ。

Q 深海には、ほかにも光る液をはくものがいるの?

A 深海には、イカのほかにも光る液を出して身を守るものがいます。

ガウシア
体長約1cm。カイアシ類とよばれる節足動物です。敵におそわれそうになると、光る液を発射しますが、その液はなんと、すぐには光らず、2〜3秒後に光ります。敵がおどろいている間ににげると考えられているのです。

アカモンミノエビ
体長12cmほどの食用になるエビです。水深300〜600mあたりにいます。腹部に赤い紋があることが名の由来です。刺激を受けたり、おどろいたりすると、口のあたりから発光液をふきだします。

本当の大きさ

チチュウカイヒカリダンゴイカ
Heteroteuthis dispar

ヒカリダンゴイカのなかまは、海中から光る細菌を胴の中に取りこみ、それを墨の袋に入れています。光る墨をはくと、敵は墨に気を取られるので、そのすきににげるのです。

- ◆軟体動物門コウイカ目ダンゴイカ科
- ◆胴の長さ2.5cm
- ◆大西洋・地中海
- ◆25〜1735m

食われないために **光る墨をはいてにげるのさ!**

食われない戦略

©Yoshihiro Fujiwara/JAMSTEC

食われないために

光るウロコが落ちたらにげられるかも！

わたしの名は

ウロコムシ

Q ウロコムシって、どんな顔をしているの？

A ウロコムシのなかまは、浅い海から深海まで、さまざまな場所にいます。多くは肉食性です。電子顕微鏡で顔を見ると、迫力があります。

ウロコムシの顔を電子顕微鏡で撮影した写真です。口のまわりに角が生えているように見えます。歯がするどいことから、どうもうな肉食なのではないかと考えられます。

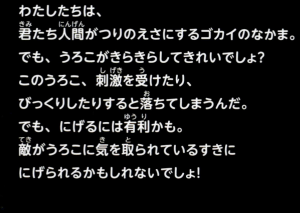

わたしたちは、
君たち人間がつりのえさにするゴカイのなかま。
でも、うろこがきらきらしてきれいでしょ？
このうろこ、刺激を受けたり、
びっくりしたりすると落ちてしまうんだ。
でも、にげるには有利かも。
敵がうろこに気を取られているすきに
にげられるかもしれないでしょ！

深海のウロコムシのなかま

■コガネウロコムシの一種
Aphroditidae gen. sp.

うろこの表面が黄金色のフェルト状の膜におおわれていることから名づけられました。写真は、大西洋の深海で捕獲されたものです。
◆環形動物門サシバゴカイ目
　コガネウロコムシ科

■ウロコムシの一種
Aphroditacea gen. sp.

宮城県の金華山沖の深海にいるようすが「しんかい6500」によって撮影されました。
◆環形動物門サシバゴカイ目ウロコムシ上科
◆6468m（撮影地）

本当の大きさ

ウロコムシの一種
Polynoidae gen. sp.

ウロコムシのなかまには、さまざまな種類があります。なかには、うろこが虹色にかがやく美しいすがたをしているものもいます。うろこが落ちやすい理由は、まだ解明されていませんが、うろこを落として敵の目をくらませてにげるのではないかとも考えられています。
◆環形動物門サシバゴカイ目ウロコムシ科
◆体長5cm　◆相模湾（採集地）
◆928m（採集地）

■ウロコムシの一種
Aphroditacea gen. sp.

からだが青くかがやいているように見えます。写真は、大西洋中央海嶺（大西洋にある海底の高い部分）で撮影されたものです。
◆環形動物門サシバゴカイ目ウロコムシ上科
◆2500m（撮影地）

ウロコムシ

■ウロコムシの一種
Aphroditacea gen. sp.

撮影地は、ニュージーランド沖の深海にある熱水噴出孔（→P.54）です。熱水がふきだす場所には、チムニーとよばれる煙突のようなものができます。ウロコムシは、そこにいました。
◆環形動物門サシバゴカイ目ウロコムシ上科
◆1658m（撮影地）

食われない戦略

◆門名　目名　科名
◆大きさ
◆分布
◆水深
◆食べもの

君たち人間には、あごがあるよね。
わたしたちには、あごがないから
無顎類とよばれている。
口みたいに見えるのは鼻のあなで、口はその下にあるよ。
大好物は肉。クジラの肉なんか最高だね。
わたしたちが身を守るのに使うのは
ぬたというねばねばした液。
これを出すと、敵はおおあわてさ。
えらに入ると息ができなくなるからね。

全身のようす
©Yoshihiro Fujiwara/JAMSTEC

食われないために

ぬたで身を守るのだ！

鼻のあな

口

©Yoshihiro Fujiwara/JAMSTEC

ムラサキヌタウナギ
Eptatretus okinoseanus

眼は皮膚にうまり、ほとんど見ることはできないので、においをたよりに食べものをさがします。クジラの死がいを見つけると、からだの中にもぐりこみ、ノコギリのような歯で肉をけずりとって食べます。敵に出あうと、からだの横にあるあなから大量の粘液（ぬた）を出します。
- ◆脊索動物門ヌタウナギ目ヌタウナギ科
- ◆全長80cm
- ◆太平洋・日本海
- ◆200〜925m ◆肉食

からだをくねらせながら、割れた二枚貝を食べています。南西諸島の深海で撮影されました。

わたしの名は ムラサキヌタウナギ

ムラサキヌタウナギのなかま

ホソヌタウナギ
Myxine garmani
からだは青紫色をしています。ムラサキヌタウナギより、少し小型です。腹の両側にぬたを出すあながあります。
- ◆脊索動物門ヌタウナギ目ヌタウナギ科
- ◆全長50cm ◆西太平洋
- ◆200〜1100m ◆肉食

ヌタウナギの一種
Myxinidae gen. sp.
相模湾で行われた実験のようすです。海底に魚を置くと、まっ暗な深海から、においをたよりにヌタウナギのなかまが集まってきて、食べはじめました。
- ◆脊索動物門ヌタウナギ目ヌタウナギ科
- ◆748m（撮影地）

食われない戦略

Q 自分についたぬたはどうやって取るの?

A 身を守るためのぬたですが、自分のからだについてしまっては困ります。ヌタウナギは、ぬたがからだにつくと、からだを、ロープを結ぶようにからませて取ります。鼻に入ったものは、くしゃみをするようにして、ふきだします。

からだについたぬたは、結び目を下におろしながら取ります。

鼻のあなに入ったぬたは、いきおいよくふきだします。

わたしの名は ウロコフネタマガイ
（スケーリーフット）

ウロコフネタマガイ
Chrysomallon squamiferum
2001年、インド洋の熱水噴出孔で発見され、2015年に新種として名前がつけられました。うろこの表面や体内に、3種類の化学合成細菌（→P.57）がいます。硫化鉄のよろいは、熱水にふくまれる硫黄と鉄からできているようですが、よろいづくりに化学合成細菌が関係しているのではないかとも考えられています。

- ◆軟体動物門古腹足上目ペルトスピリダエ科
- ◆殻の高さ3〜4cm
- ●インド洋中央海嶺の熱水噴出域
- ◆2420〜2600m ◆細菌からの栄養

食われないために

鉄のよろいを身につけたのだ!

わたしのよろいを見てほしいな。
硫化鉄という
鉄の化合物でできているんだ。

こんなすごいよろいを
つけた生きものは、
世界中さがしたって、
わたしたちのほかには
発見されていないよ。
ふつうの巻き貝は、
危険がせまると
足を貝殻の中に入れる。
でも、わたしたちはちがう。
足にかたいよろいを
まとっているからね。
貝殻にだって硫化鉄の
コーティングをしているんだよ。

深海にすむ巻き貝のなかま

©Yoshihiro Fujiwara/JAMSTEC

アルビンガイ
Alviniconcha hessleri

貝殻の表面が毛におおわれた巻き貝です。えらの中に化学合成細菌を共生させ、栄養をもらって生きています。
- ◆軟体動物門新生腹足上目ハイカブリニナ科
- ◆殻の高さ5cm　◆西太平洋の熱水噴出域
- ◆1400〜3600m
- ◆細菌からの栄養

クマサカガイ
Xenophora pallidula

自分の貝殻の表面に、ほかの巻き貝や二枚貝などをつける習性があります。貝殻を強くするためではないかと考えられています。
- ◆軟体動物門新生腹足上目クマサカガイ科
- ◆殻の直径約8cm
- ◆房総半島以南の西太平洋・インド洋
- ◆50〜1050m　◆プランクトン

テラマチオキナエビス
Bayerotrochus teramachii

4億年以上も前の大昔の地層から、この貝のなかまの化石が見つかっていて、「生きた化石」(→P.124)のひとつといわれています。
- ◆軟体動物門古腹足上目オキナエビスガイ科
- ◆殻の直径約10cm　◆フィリピン沖〜四国沖〜房総半島沖　◆80〜500m
- ◆カイメンなどの底生生物と思われる

食われない戦略

本当の大きさ

Q 白いのもいるの?

A 黒いウロコフネタマガイが発見された9年後、今度は白いウロコフネタマガイが発見されました。ところが、うろこにも貝殻にも硫化鉄がふくまれていません。それなのに、からだの設計図であるDNAの一部を調べると、なんと黒いものと同じだったのです。発見場所は同じインド洋の600kmほど離れた場所で、黒いタイプは黒い熱水がふきだす場所、白いタイプはほぼとうめいな熱水がふきだす場所。同じ種類で、なぜこれほどちがうのか、研究が続けられています。

なるべく動かない作戦……

3章 あわせる戦略

深海は暗く冷たく高圧の世界。
熱水がふきだす場所もあります。
そこに生きる動物たちは、
その環境にあわせなければ生きられません。
深海の生物たちは、さまざまな
「あわせる戦略」をつかって生きぬいています。

ぶよぶよにはわけがあるのさ

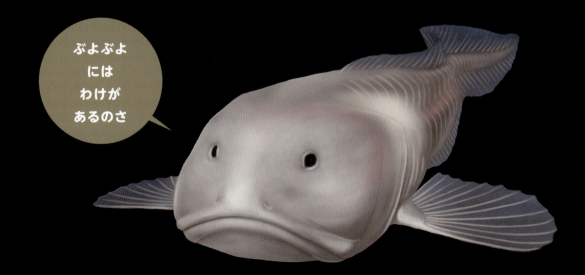

わたしの名は
チョウチンハダカ

光を感じる膜

眼はなくなったのさ！

暗やみにあわせて

わたしたちは、太陽の光のとどかない
まっ暗やみの深海にくらしている。
だから、ふつうの魚のような眼はないよ。
子どものときは、ほかの魚のように
頭の横に眼があるんだけど、
おとなになるとなくなって、平らな面だけになる。
でも、この面で、光だけは少し感じられるから
光る生きものがいるとわかるのさ。

チョウチンハダカの一種 *Ipnops* sp.
からだは細長く、頭は大きくて平たい形をしています。頭の上に板のような形の網膜（光を感じる膜）があります。チョウチンハダカのなかまは、眼がとても小さかったり、なくなったりしたものがたくさんいますが、少し遠いなかまになると、ふつうの大きさの眼のものもいます。
◆脊索動物門ヒメ目チョウチンハダカ科

本当の大きさ

あわせる戦略

チョウチンハダカのなかま

眼

イトヒキイワシの一種
Bathypterois sp. （→P.67）
チョウチンハダカと同じチョウチンハダカ科の魚です。とても小さい眼をしています。胸びれと尾びれで海底に立つようにして、えものを待ちぶせしています。写真は、大西洋ブラジル沖の水深3100mで撮影されました。
◆脊索動物門ヒメ目チョウチンハダカ科

シンカイエソ
Bathysaurus mollis
チョウチンハダカと同じヒメ目ですが、ちがう科の魚です。ふつうの大きさの眼をしています。写真は南太平洋の水深1934mで撮影されました。
◆脊索動物門ヒメ目シンカイエソ科
●全長40cm ●世界各地の海 ●400～4900m（多くは2500～4500m）●魚類

シンカイエソの一種
Bathysaurus sp.
顔のようすからも、からだが平らなことがわかります。口の中にはするどく細かい歯がたくさんあり、口を大きくあけることができそうです。これも、チョウチンハダカとはちがう科の魚です。眼はそれほど小さくありません。
◆脊索動物門ヒメ目シンカイエソ科

◆門名 ◆目名 ◆科名 ◆大きさ ◆分布 ◆水深 ◆食べもの

Q ほかにも超深海に生きる動物がいる?

A 海の水深6000mより深い場所を超深海(→P.6)といいます。強烈な圧力、0℃に近い水温、まっ暗やみという環境です。かつては、そんな環境には生きものはいないと考えられていましたが、超深海にも、その環境に適応した生きものがいることがわかってきました。

フクロウナギ(→P.30)
多くは水深1200～1400mあたりにいますが、水深7625mという超深海でも観察されています。長い尾にはほとんど筋肉がありません。尾の先を光らせてえものをさそい、大きな口をあけて小さなえものを食べます。

チヒロクサウオ
写真は2008年日本海溝の水深7703mという超深海で、東京大学などの研究チームが撮影しました。オタマジャクシのような形で全長は11cmほど。17ひきもの魚がえさに群がって泳ぐすがたが観察されました。

クサウオの一種
2014年、マリアナ海溝の水深8143mでハワイ大学などの研究チームが発見した、新種とおもわれる魚です。白くて半とうめいのからだに、ウナギのような尾をもち、超深海をゆっくりと泳いでいました。

シンカイクサウオの一種
Pseudoliparis sp.
からだはオタマジャクシのような形で、水分が多くぶよぶよしています。写真は2013年、水深7800mの超深海で撮影されました。手前の魚はカメラに近づいてきたために少しぶれています。超深海の魚は動きがにぶいと考えられていましたが、活発に動いてヨコエビのなかま(→P.115)などを食べていました。
- ◆脊索動物門カサゴ目クサウオ科
- ◆全長24cm ◆日本海溝(撮影地)
- ◆7800m(撮影地) ◆甲殻類など

カイコウオオソコエビ(→P.50)
10000mをこえる超深海に、右の写真のようなえさ入りのかごを置く実験をしたところ、中にたくさん入っていました。からだに油のような物質をたくさんふくんでいます。油は栄養分かもしれないと考えられています。

あわせる戦略

えら

高熱に
あわせて

熱さも平気に
なったのさ！

君たち人間が入る
お風呂の温度は
40℃くらいかな？
80℃のお湯に入ったら
やけどしちゃうよね。
でも、わたしたちは平気。
わたしたちのなかまには
少しの間なら105℃でも
平気なものもいるんだよ。
世界一熱さに強い動物なんだ。
どうして熱に強いのか
学者たちが研究しているよ。
わたしたちがすむのは
熱水噴出孔のチムニー（→P.57）。
からだの表面で細菌を飼って食べているんだけど
その細菌がこのあたりだとよく育つのさ。

わたしの名は マリアナイトエラゴカイ

本当の大きさ

©Shuichi Shigeno/JAMSTEC

マリアナイトエラゴカイ
Paralvinella hessleri

はねかざりのようなものは、えら。熱水がふきだすチムニーの中に綿のような巣をつくってすんでいます。からだの表面に化学合成細菌（→P.57）がすんでいて、それを食べていると考えられています。その細菌が生きるためには、熱水に含まれる物質が必要なため、これほど熱いところでくらしていると考えられています。

◆環形動物門フサゴカイ目エラゴカイ科
◆体長3cm　◆西太平洋
◆777～3600m
◆細菌と考えられている

Q どうして、熱水のそばで生きられるの？

A 化学合成細菌（→P.57）を食べるゴエモンコシオリエビ（→P.54）や、化学合成細菌と共生しているガラパゴスハオリムシ（→P.56）など、生きるために化学合成細菌が必要な動物たちは、熱水噴出孔の近くにくらしています。熱水との距離をうまくとるものもいますが、エラゴカイのなかまのように、からだが高熱にたえられるものもいます。高熱にたえられるしくみについては、研究中で、まだよくわかっていません。

あわせる戦略

ゴエモンコシオリエビ（→P.54）
もっとも熱水の近くに群れている動物のひとつです。熱水の温度は300℃もありますが、ふきだす場所から10cmもはなれれば20℃くらいになるので、大丈夫なのです。

「ハイパードルフィン」が沖縄トラフの水深1530mで撮影したものです。巣からからだを長く出し、えらを広げているものもいます。

熱を光として感じる眼（背上眼）

©Yoshihiro Fujiwara/JAMSTEC

カイレイツノナシオハラエビ（→P.55）
熱水噴出孔のまわりに群れています。からだの内側にいる化学合成細菌を食べています。眼が背中に移動して特殊化し、その眼で熱を光として感じます。そのため、ちょうどよい温度の場所にいられるのです。

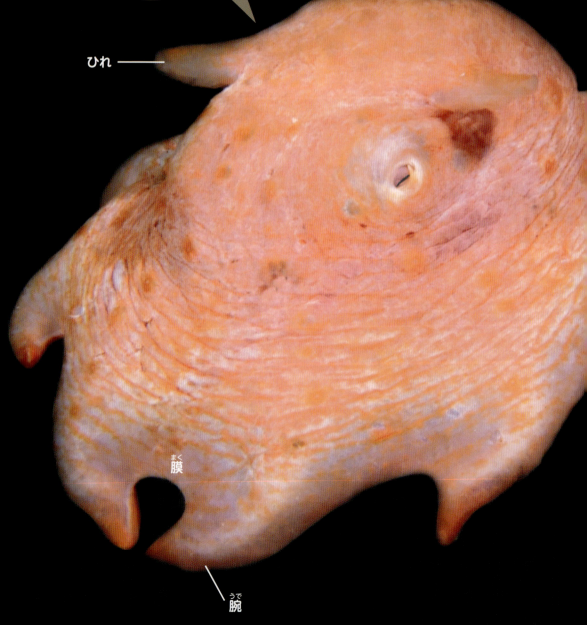

君たち人間がよく知っているマダコは、
浅い海でいきおいよく泳いで、
エビや貝なんかをつかまえて食べるだろう？
でもわたしたちは、すばやく動いたりしない。
腕の間の膜を使って、ゆっくり泳ぐんだ。
深海はえさが少ないから、
なるべくエネルギーを使わない作戦さ。

えさ不足にあわせて
ゆっくり泳ぐのさ！

ひれ

膜

腕

わたしの名は
メンダコ

メンダコ
Opisthoteuthis depressa

腕がスカートのような膜でつながった、円盤のような形のタコです。海底近くをふわふわとゆっくり泳ぎます。耳のように見えるのはひれで、泳ぐときの方向転換などに使います。からだがやわらかいので、調査のためにつかまえるときは、料理用のおたまに似た道具で、そっとすくいます。
- ◆軟体動物門タコ目メンダコ科
- ◆胴の長さ10cm
- ◆相模湾～九州近海
- ◆150～1060m
- ◆肉食

メンダコの一種です。写真は「しんかい2000」が相模湾で撮影しました。調査船が近づいても、海底にじっと動かずにいました。

本当の大きさ

Q ほかにも、腕が膜でつながったタコはいるの?

A 浅い海のマダコなどは、腕にスカートのような膜は少ししかありません。ところが、深海にすむタコのなかには、腕が膜でつながっているものが何種類もいます。

あわせる戦略

メンダコの一種
伊豆・小笠原ベヨネーズ海丘（海底にある小高い山）近くの水深803mで、無人探査機「ハイパードルフィン」が撮影した映像です。膜を広げたりとじたり、まるでこうもり傘をゆっくりと広げたりとじたりするような動きで泳いでいました。

ジュウモンジダコの一種
「しんかい6500」が、マリアナ海溝近くの水深1849mで撮影しました。腕は半分くらいまで膜でつながっています。ひれが大きな耳のように見えるので、ダンボオクトパスともよばれています。ろうとから水をふきだし、ひれで方向などを調整しながら泳ぎます。

ジュウモンジダコの一種
写真はハワイ諸島の沖、水深4467mで撮影されたものです。腕の間の膜を大きく広げて泳いでいます。ジュウモンジダコのなかまは、タコのなかで、もっとも深い場所にいると考えられています。

ヒゲナガダコ
腕はほとんど膜でつながり、傘のようになっています。浅い海にいるタコの眼にはレンズがありますが、深海にすむこのタコの眼からはレンズがなくなっています。

◆門名 目名 科名　◆大きさ　◆分布　◆水深　◆食べもの

わたしの名は

ニュウドウカジカ

元気に動きまわるには筋肉がいるよね。
それにたくさん食べて栄養もとらなくちゃ。
浅い海にいるマグロなんかは
一日中泳ぎつづけるそうだけど、
わたしたちはほとんど泳がない。
ここはえものの少ない深海だから、
なるべくエネルギーを使わないように、筋肉もへらし
できるだけ泳がずに海底にじっとしているんだ。
だから、長いことえさにありつけなくても平気さ。

ニュウドウカジカ *Psychrolutes phrictus*

オタマジャクシのような体型で、大きなものは体重9.5kgにもなります。からだには筋肉が少なく、ぶよぶよしています。海底でじっとしていることが多いです。

- ◆脊索動物門カサゴ目ウラナイカジカ科
- ◆全長70cm ◆北太平洋 ◆500〜2800m
- ◆甲殻類や軟体動物など

本当の大きさ

ニュウドウカジカのなかま

ザラビクニン
Careproctus trachysoma

からだの表面はやわらかく、腹びれを吸盤のようにして、かたいものにくっつくことがあります。胸びれの先で味を感じることができ、それで海底の小さな生きものをさがして食べています。

- ◆脊索動物門カサゴ目クサウオ科
- ◆体長31cm（最大） ◆北太平洋
- ◆147〜800m ◆小型の甲殻類など

アカドンコ
Ebinania vermiculata

写真は、相模湾の水深1158mで撮影されました。海底でじっとしていました。同じく相模湾の水深1200mで採集されたものが、研究室で飼育され、10年以上生きたことがあります。

- ◆脊索動物門カサゴ目ウラナイカジカ科
- ◆体長30cm（最大） ◆日本近海
- ◆271〜1160m ◆小型の甲殻類など

ウラナイカジカの一種
Psychrolutes sp.

写真は、沖縄トラフの水深703mで無人探査機「ハイパードルフィン」によって撮影されました。探査機が近づいても、海底で動かずにじっとしていました。

- ◆脊索動物門カサゴ目ウラナイカジカ科

ガンコ
Dasycottus setiger

頭が大きく尾は細長い体型です。頭の背中側に、上向きにたくさんのとげがはえています。写真は日本海の佐渡島沖、水深489mで撮影されました。

- ◆脊索動物門カサゴ目ウラナイカジカ科
- ◆全長73cm（最大） ◆北太平洋
- ◆15〜850m ◆甲殻類や魚類

えさ不足にあわせて 筋肉もへらしたのさ！

あわせる戦略

4章 ふやす戦略

彼女を しっかり つかまえるぞ!

深海は生きものが少なく、
同じ種のなかまと出あうのもむずかしい世界です。
同じ種のオスとメスが出あえなければ、
子孫を残すことはできません。
深海の生物たちは、
さまざまな「ふやす戦略」で子孫を残そうとしています。

かわいい彼女、ゲットしたぜ!

わたしの名は インドオニアンコウ

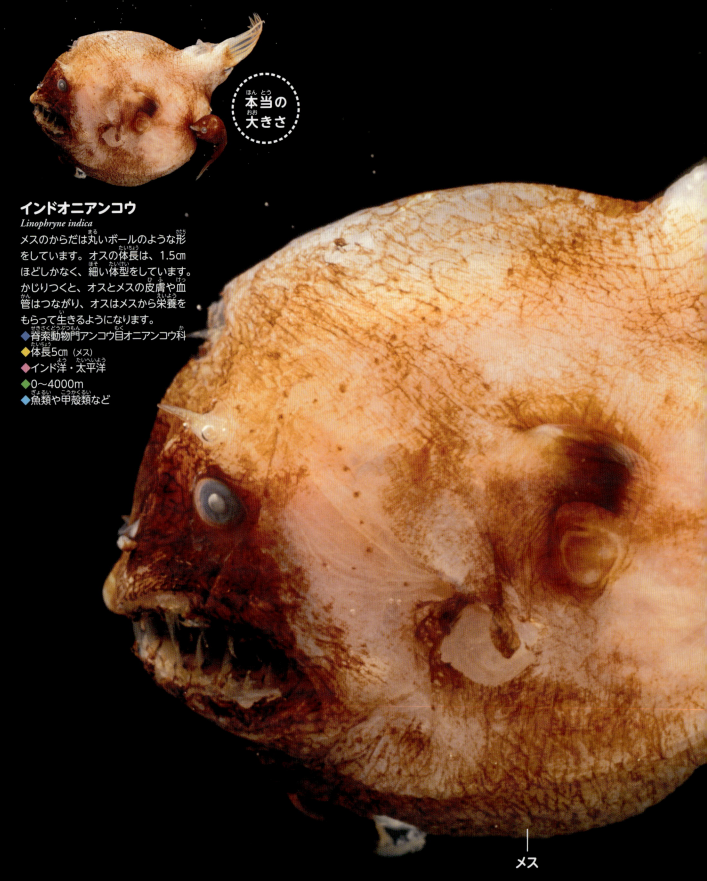

本当の大きさ

インドオニアンコウ
Linophryne indica
メスのからだは丸いボールのような形をしています。オスの体長は、1.5cmほどしかなく、細い体型をしています。かじりつくと、オスとメスの皮膚や血管はつながり、オスはメスから栄養をもらって生きるようになります。
◆脊索動物門アンコウ目オニアンコウ科
◆体長5cm（メス）
◆インド洋・太平洋
◆0〜4000m
◆魚類や甲殻類など

メス

Q どうやって、くっつくの？

A 子どものときは、オスもメスも同じようなすがたです。メスはぐんぐん大きくなりますが、オスは小さいままで、メスを見つけるとメスのからだにかじりつきます。同じアンコウのなかまでも、種類によって、かじりつくとオスとメスが一体になるもの、しばらくかじりついてはなれるもの、かじりつかないものなどさまざまなタイプがあります。

オニアンコウの一種のオス。においでメスをさがします。メスに出あえなければ生きのこることはできません。

ラクダアンコウの一種（→P.29）
2ひきの小さなオスが、大きなメスにかじりついています。このように、複数のオスがかじりつくこともあります。
©gettyimages

ふやすために
大きなメスにかじりつくのだ！

― オス

ぼくは、お母さんにくっついている
赤ちゃんみたいに見えるかもしれないけど、
じつは、立派なおとなのオス。
大きなメスにかじりついているんだよ。
深海は生きものが少ないから、
同じ種類のメスにもなかなか出あえない。
ぼくらは生まれてからほとんど
大きくならず、メスをさがす。
見つけたらしっかりかじりついて
メスに卵を産んでもらう。
最後はメスに吸収されて、
メスのいぼみたいになるんだよ。

ふやす戦略

インドオニアンコウのなかま

オス
オニアンコウの一種
Linophryne sp.
メスにくっついた小さなオスをはじめて発見した研究者は、子どもがついていると考えました。ところが、よく調べた結果、おとなのオスだとわかったのです。オスは、メスの背中などにかじりつくこともあります。
◆脊索動物門アンコウ目オニアンコウ科
©gettyimages

オス
オニアンコウの一種
Linophryne sp.
相模湾の深海で採集されました。メスのおなかに小さなオスがかじりついています。深海から母船に引きあげて観察し撮影する間、しばらくは水槽の中で生きていました。
◆脊索動物門アンコウ目オニアンコウ科
◆体長20㎝
©Yoshihiro Fujiwara/JAMSTEC

◆門名 ◆目名 ◆科名 ◆大きさ ◆分布 ◆水深 ◆食べもの

ふやすために

一生かごの中で生きるのだ!

人間のお父さんとお母さんは、いっしょにくらしていてもそれぞれ別べつに出かけたりするよね。
でも、ぼくたちは、ずっといっしょ。
まだ小さかった子どものときにこのかごに入って、からだが大きくなった今は、もう外へは出ないんだ。
深海は、出あいのチャンスが少ないからね。
せっかく出あった夫婦がはぐれてしまうと、もう出あえないかもしれないから。
ずっといっしょにいるほうが確実に卵を産んでもらえるでしょ。
ほら、見てごらん。
ぼくのおくさんのおなかには卵がくっついているよ。

わたしの名は ドウケツエビ

卵

写真は、ドウケツエビの個体がよく見えるように、カイロウドウケツの上にいるところを撮影しています。

ドウケツエビの一種
Spongicola sp.

カイロウドウケツという海綿動物の中にすんでいます。左がオス。右がメス。メスのおなかに白い卵がくっついているのがわかります。ドウケツエビは、このかごの中にいることで、敵から守られ、オスとメスがはぐれないので、卵を産む確率が高まります。
◆節足動物門十脚目ドウケツエビ科

本当の大きさ

Q 海綿動物ってどんな動物？

A 海綿動物は、脳も神経も筋肉もない単純な動物です。からだのすき間から流れこむ海水から、小さな生きものをこしとって食べています。浅い海にいるモクヨクカイメンは、からだを洗うスポンジとして利用されています。

深海のエビやカニのなかま

カスミエビの一種
Sergestes sp.

かきあげやお好み焼きで食べるサクラエビに近いなかまです。写真は、大西洋の深海で捕獲されたエビです。からだはとうめいで、内臓が見えています。
◆節足動物門十脚目サクラエビ科

深海性のカニの子ども
Decapoda gen. sp.

大西洋の深海で捕獲されました。海にただよってくらしていたようです。どんな種類のカニなのかはわかりません。あしを広げると3mにもなるタカアシガニ（→P.121）も、子どものときは小さくて、ただよいながら泳いでいます。
◆節足動物門十脚目

©鳥羽水族館

カイロウドウケツ
細かいガラス繊維でできた細長いかごのような形です。高さは30〜80cmで、海底のどろに立っています。その美しさから、「ビーナスの花かご」ともよばれます。

ホソウデヤスリアカザエビ
Acanthacaris tenuimana

深海にすむザリガニの一種です。海底にあなをほってすんでいます。敵が近づくとハサミをふりあげて威嚇します。写真は、南西諸島の水深1882mで撮影されたものです。
◆節足動物門十脚目アカザエビ科
◆体長40cm（最大）　◆インド洋西部・西太平洋
◆300〜2161m　◆小型の生物

深海性のヤドカリの一種
Paguroidea gen. sp.

2011年にインド洋の深海で採集されました。ヤドカリは、からだのつくりがエビとカニの中間のような生きものです。ゴエモンコシオリエビ（→P.54）のように別の貝の殻に入らないものもいますが、このヤドカリは、別の貝の殻に入っています。
◆節足動物門十脚目ホンヤドカリ上科

モクヨクカイメン

モクヨクカイメンでつくったスポンジ

ふやす戦略

わたしの名は ゾウギンザメ

深海のギンザメのなかま

テングギンザメ
Rhinochimaera pacifica

細長い頭部をてんぐの鼻に見立てて、テングギンザメと名づけられました。写真は、駿河湾の水深640mで撮影されたものです。
- ◆脊索動物門ギンザメ目テングギンザメ科
- ◆全長165㎝（最大）
- ◆太平洋・東シナ海・インド洋など
- ◆330〜1490m
- ◆甲殻類や魚類など

ムラサキギンザメ
Hydrolagus purpurescens

南西諸島付近の水深1528mで撮影されました。大きな胸びれをゆっくりとはばたかせるように動かして泳いでいました。からだの表面が紫色がかっているのが名の由来です。
- ◆脊索動物門ギンザメ目ギンザメ科
- ◆体長80㎝前後
- ◆日本・ハワイ近海
- ◆980〜1951m
- ◆甲殻類や魚類など

ふやすために

メスをしっかりつかまえるのだ！

Q どんな卵を産むの?

A サメのなかまは、卵ではなく赤ちゃんを産む（→P.113）ものもいますが、ギンザメのなかまは、大きくて細長い殻に入った卵を産みます。ゾウギンザメの卵は20cmにもなる大きな卵で、まわりにフリルがついたようなふしぎな形をしています。

ゾウギンザメの卵。メスは、この大きな卵を海底に2つ産みます。子どもは、卵の中で8か月もかけて大きくなり、全長15cmくらいになると生まれます。

©沼津港深海水族館

頭の先にゾウの鼻のような突起があるので、ゾウギンザメと名づけられました。こちらの個体には交接器は見えませんが、交接器が見えないだけか、メスなのかは、写真からはわかりません。

ゾウギンザメ *Callorhinchus milii*

サメとは別のギンザメというグループの魚です。大昔からあまりすがたを変えずに世代を重ねた「生きた化石」（→P.124）です。このギンザメは多くは浅い海にいますが、深海でも分布が確認されています。オスの頭部の突起は交接器といい、交尾のときにメスの胸びれを押さえるのに使います。

- ◆脊索動物門ギンザメ目ゾウギンザメ科
- ◆全長125cm（最大）
- ◆太平洋南西部
- ◆0〜227m（多くは200m付近）
- ◆貝類

門名・目名・科名 ◆ 大きさ ◆ 分布 ◆ 水深 ◆ 食べもの

ふやす戦略

ぼくの頭にある小さなでっぱり、
先がとげとげしていてかっこいいだろ。
交尾するとき、メスにからだをまきつけるんだけど、
このでっぱりを使って
メスの胸びれをしっかり押さえるんだ。
そうしておけば、
メスのからだの中の卵に
ぼくの体の中の精子が
ちゃんととどくだろ？

交接器

本当の大きさ

ヤムシの一種 Chaetognatha gen. sp.
ヤムシは、毛顎動物というグループ（→P.123）の動物です。口の両側に顎毛というかたい毛がはえています。からだが細長く、矢のような体型ですばやく飛びだしてえものをつかまえることから、ヤムシと名づけられました。1ぴきのからだに卵巣も精巣もあります。写真のヤムシは、沖縄トラフの水深1593mで採集されました。このヤムシは全長2cmと大きめですが、多くのヤムシは5mm～1cmです。
◆毛顎動物門
◆全長2cm
◆沖縄トラフ（採集地）
◆1593m（採集地）

ふやすために オスでもあり メスでもあるんだ！

わたしの名は ヤムシ

ぼくっていうか、
わたしっていうか……。
わたしたちは、からだの中に
オスとメス、両方のはたらきがあるんだ。
卵をつくる卵巣もあるし、精子をつくる精巣もある。
こういうからだを雌雄同体っていうんだよ。
深海はなかなか同じ種のオスとメスが出あえないから、
雌雄同体のほうが、子どもをふやす確率が高まるわけ。
ま、地上にいるカタツムリやミミズだって雌雄同体だけどね。

Q 2ひきが出あったらどうするの？

A ヤムシのなかまは世界中の海にたくさんいます。海底にすむイソヤムシの場合は、2ひきが出あうと求愛行動（子孫を残そうという合図を送ること）をして相手に精子をわたし、2ひきとも卵を産みます。

求愛行動

左のヤムシが頭を上下に動かして求愛行動をしています。

右のヤムシも、それにこたえて、求愛行動をしています。

深海の毛顎動物のなかま

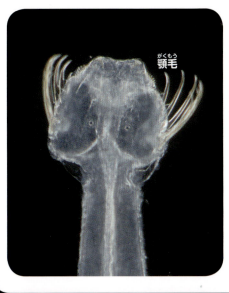
顎毛

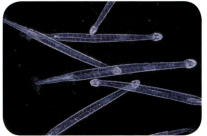

キタヤムシ
Parasagitta elegans

ヤムシの特徴である立派な顎毛が見えます。この毛でえものをとらえます。海底にいるイソヤムシとちがって、海中にただよっています。
◆毛顎動物門無膜筋目矢虫科
◆全長4cm以下　◆北太平洋・北大西洋
◆表層～深層　◆小さなプランクトン

ヤムシの一種
Sagittidae gen. sp.

写真は、1994年に「しんかい2000」が北海道奥尻島沖の水深475mで撮影しました。ロボットアームのまわりを、たくさん群れて、元気よく泳いでいました。
◆毛顎動物門無膜筋目矢虫科

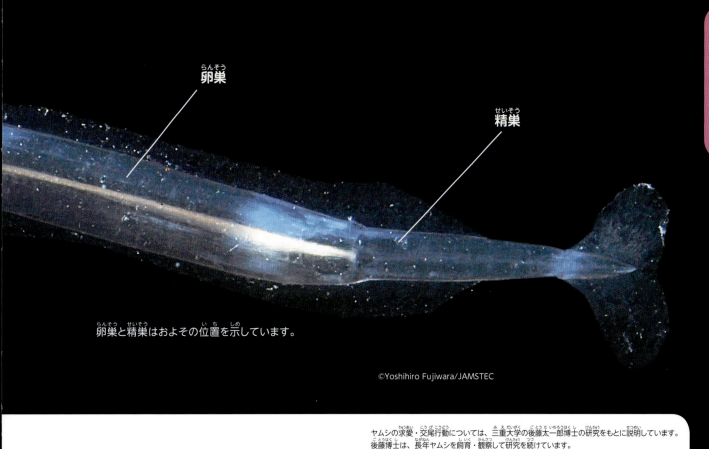

卵巣

精巣

卵巣と精巣はおよその位置を示しています。

©Yoshihiro Fujiwara/JAMSTEC

ヤムシの求愛・交尾行動については、三重大学の後藤太一郎博士の研究をもとに説明しています。後藤博士は、長年ヤムシを飼育・観察して研究を続けています。

接近

2ひきは接近してきます。気があったようです。

直立体勢

2ひきはさらに接近し、直立した体勢になります。

精子転送

右のヤムシが、ジャンプして左のヤムシに精子をわたします。

左のヤムシも、ジャンプして右のヤムシに精子をわたします。

わたしの名は オオヨコエソ

わたし、生まれたときはオスだったの。
しばらくしたら
だんだんメスになってきたんだ。
オスは精子をつくり、
メスは卵をつくるでしょ。
精子はとっても小さいけど、
卵は精子にくらべるとずっと大きいから
小さいからだでつくるのはたいへん。
深海はえさが少ないから、とくにたいへん。
だから、最初はオスで、
大きくなってきたらメスになる。
とっても便利なからだでしょ。

ふやすために
大きくなったら
メスになるの！

オオヨコエソ *Sigmops elongatus*

細長いからだに、大きな頭、大きな口をもっています。口にはするどい歯がたくさんはえています。成長するにつれてオスからメスに変わり、15cm前後ではオスとメスがいますが、18cmになるとほとんどがメスになります。ただ、外見からオスかメスかを見わけることはできません。

- ◆脊索動物門ワニトカゲギス目ヨコエソ科
- ◆全長27.5cm（最大）
- ◆世界各地の深海
- ◆25～4740m（多くは100～1500m）
- ◆甲殻類や小型の魚類

本当の大きさ

ふやす戦略

Q ほかにも性が変わる魚はいるの？

A 成長するにしたがってオスからメスに性がかわるオオヨコエソのほかにも、メスからオスに変わるものや、まわりの環境によって性が変わるものもいます。とちゅうで性が変わることを性転換といいます。あたたかい浅い海のサンゴ礁にすむ魚のなかにも、性転換するものが何種類もいます。

カクレクマノミ
イソギンチャクに群れでくらします。下がメス、上がオスです。最初はオスで生まれ、群れのなかの1番大きいものがメスになり、2番目に大きいオスとペアになります。メスがいなくなるとメスとペアだったオスがメスになり、次に大きいオスとペアになります。

イロブダイ
写真のような1ぴきの大きなオスがなわばりをもち、小さなメスたちを守ってくらします。オスがいなくなると、メスのなかの大きなものがオスになり、メスたちと子孫を残します。これは、なわばりを守るには、からだが大きいほうが有利だからと考えられています。

ホンソメワケベラ
イロブダイのように、1ぴきの大きなオスがたくさんの小さなメスを守って群れでくらしています。オスがいなくなると、メスのなかの大きなものがオスになります。オスが2ひきになると、小さいほうのオスがメスにもどることもあります。

卵を
かかえるのは
父のつとめ！

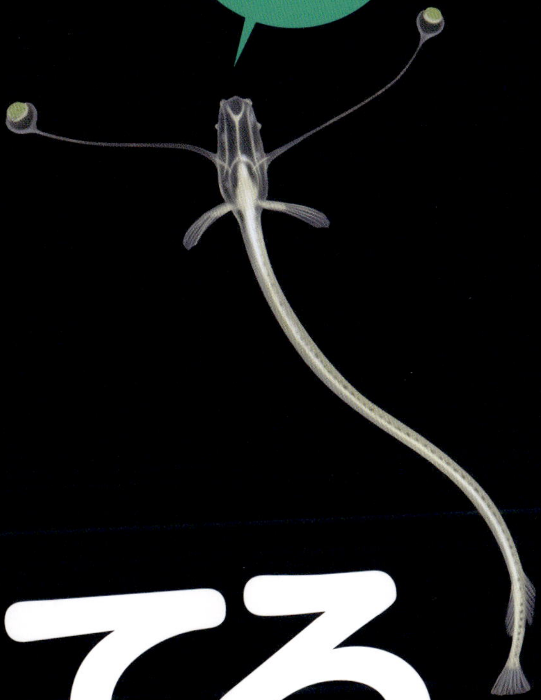

眼が
のびると、
よく見えて
安心！

5章
守り育てる戦略

深海は食べものが少ないので、
卵や子どもはいつもねらわれています。
深海の生物たちは、
さまざまな「守り育てる戦略」で
命を未来につなぎます。

なんだか
巨大に
なったぞ

わたしの名は **ウミグモ**

卵を守るために あしにつけて歩くのだ！

卵のかたまり

吻

ウミグモの一種
Pycnogonida gen. sp.
小さな頭の先に、吻とよばれる口先が長くのびています。腹はほとんどなく、あしが長いのが特徴です。これはオス。ウミグモは、5億年ほど前からあまりすがたを変えずに世代を重ねた「生きた化石」(→P.124) です。
◆節足動物門ウミグモ綱
◆体長1cm

ぼく、ウミグモってよばれているけれど
クモとは別のグループの動物なんだ。
腹はほとんどなくて、あしがすごく長い。
かっこいいだろ？
ほら、見て、メスが産んだ卵を
ぼくの精子といっしょにかたまりにして
しっかりかかえているんだよ。
8本のあしのほかに
卵をかかえるための特別なあしもあるんだ。
まっ暗な深海で、
やっとメスと出あって産んでもらった卵。
子どもが生まれるまで、たいせつに守るぞ〜！

本当の大きさ

©Yoshihiro Fujiwara/JAMSTEC

Q おなかがほとんどないけれど、内臓や、産む前の卵はどこに入っているの？

A ウミグモのなかまは腹部がとても小さく、胃などの内臓や卵は、あしに入っています。メスのあしに、たくさんの産む前の卵が入っているのがわかります。オスに出あうと卵をわたします。

卵

©Yoshihiro Fujiwara/JAMSTEC

守り育てる戦略

深海のウミグモのなかま

ナスタオオウミグモ
Colossendeis nasuta

体長は1cm弱ですが、あしの長さは6cmほどもあります。写真は、小笠原諸島南の水深910mで撮影されました。8本のあしをゆっくり動かして海底を歩いていました。
◆節足動物門皆脚目オオウミグモ科
◆体長8mm　◆北太平洋
◆519〜910m

ヤマトトックリウミグモ
Ascorhynchus japonicus

写真は相模湾の水深1138mで撮影されました。卵をかかえるあしには、卵のかたまりをくっつけるための液が出るあながありますが、このウミグモには、そのあながたくさんあります。
◆節足動物門皆脚目トックリウミグモ科
◆体長2cm　◆北太平洋
◆53〜1987m

卵をかかえるあし

オオウミグモの一種
Colossendeis sp.

ウミグモのなかまは、からだがすべてあし（脚）でできているように見えることから、皆脚目とよばれています。写真では見えませんが、卵をかかえるあしには、へらのような形のでっぱりがあり、卵をかかえやすくなっています。
◆節足動物門皆脚目オオウミグモ科

◆門名　◆目名　◆科名　◆大きさ　◆分布　◆水深　◆食べもの

109

卵を守るために

4年半もかかえつづけるのよ！

わたしは、アメリカ西海岸の
モントレー湾の深海、
水深1400mにすんでいるの。
2007年5月、
わたしが卵を守っているところを
深海生物の研究者たちが
発見したのよ。
そうね、卵は160個くらいかしら。
それから4年半の間に、
研究者たちは
18回もわたしを見に来たのよ。
こんなに長いこと
卵を守る生きものは
はじめて見たんですって。
だって、たいせつな卵、
大きくなるまでしっかり
守らなくっちゃ。
自分のごはんは
後まわしよ！

本当の大きさ

卵

わたしの名は ホクヨウイボダコ

©MBARI

Q 浅い海のタコと比べてみると？

A マダコなど浅い海のタコも、岩の間などに産んだ卵を、母親が1か月ほど守ります。4年半もの長い期間卵を守る動物は、ほかに発見されていません。えものの少ない深海ではとくに、卵は多くの動物にねらわれます。卵を長く守ることで、その中で子どもは大きく成長することができ、生まれてからも生きのこれる確率が高まります。

卵を守るマダコのメス
マダコの寿命は1～2年くらいです。母親は、岩の間などで、約1か月間、20000～40000個もの卵を守ります。卵を守るあいだ母親は何も食べず、卵がかえるころ、その一生を終えます。

卵を守る深海生物たち

ホクヨウイボダコ
Graneledone boreopacifica

4年半の間、モントレー湾水族館研究所の研究者たちは、母親が卵からはなれたり、何かを食べたりするすがたを見ることはありませんでした。母親は、だんだんやせて、青白くなっていきました。4年半後、研究者たちは、子どもたちが出ていったあとの卵の殻を見つけました。母親のすがたはありませんでした。たぶん、母親は、その命を終えたのだろうと研究者たちは考えています。

- ◆軟体動物門タコ目マダコ科
- ◆胴の長さ21cm
- ◆太平洋、大西洋
- ◆30～3100m
- ◆肉食

ギガントキプリスの一種
Gigantocypris sp.

ふしぎなすがたをしていますが、ウミホタルに近いなかまです。1～2cmほどの丸いからだと大きな眼が特徴です。この眼は、光を集める力がとても強いといわれています。丸い殻の中に、長いあしと卵が入っています。泳ぐときは、あしを出して泳ぎます。
- ◆節足動物門ミオドコピダ目ウミホタル科

ヨモツヘグイニナ
Ifremeria nautilei

えらの中に化学合成細菌（→P.57）を共生させています。ふだんは見えませんが、メスの足のうら側に小さな袋のような器官があり、そこに卵を入れて赤ちゃんになるまで守ります。
- ◆軟体動物門新生腹足上目ハイカブリニナ科
- ◆殻の長さ9.5cm
- ◆南太平洋の熱水噴出域
- ◆1700～2800m
- ◆細菌からの栄養

ササキテカギイカ
Gonatus madokai

1991年に北海道羅臼の海で卵のかたまりをかかえたすがたが撮影されました。ふつう、イカは海藻などに卵を産みます。このように卵をかかえるイカはめずらしく、世界でも観察例は多くありません。
- ◆軟体動物門ツツイカ目テカギイカ科
- ◆胴の長さ40cm
- ◆北太平洋
- ◆5～1500m

全身のようす

わたしの名は

カグラザメ

わたしは、深海の王者。
小さい生きものを、少し大きな生きものが食べ、
それを大きい魚などが食べ、
それをもっと大きな魚が食べるという
食物連鎖のなかで、
わたしをおそって食べるものはほとんどいない。
でも、卵は弱い存在。
戦うことはできないから、卵のまま産みおとさないで、
泳げるようになるまで、おなかの中で育てるよ。
そのほうが、無事に育つ確率が上がるでしょ。
あ、君たち人間も、お母さんのおなかの中で
赤ちゃんになるまで育つよね。
それなら、わたしたちと同じだね。

無事に育つために

卵じゃなくて、赤ちゃんを産むよ！

カグラザメ　*Hexanchus griseus*

大きなものは体重590kgにもなる、最大級のサメです。大きなぎざぎざがならんだ歯がはえ、かたいカニも、イカやタコも、大きな魚や小さなサメもおそいます。日中は深海にいて深海生物を食べ、夜になると浅い海で浅い海の生きものを食べます。おなかの中の子どもは、卵黄という栄養で育ち、体長70㎝ほどになってから生まれます。

- ◆脊索動物門カグラザメ目カグラザメ科
- ◆全長3m（最大は4.8m）
- ◆世界各地の海
- ◆1～2500m（多くは180～1100m）
- ◆肉食

本当の大きさ

Q 卵生と胎生ってなに？

A 母親が卵を産み、子どもはその中で育って生まれることを卵生といいます。卵を産むのではなく、母親のおなかの中で育った赤ちゃんを産むことを胎生といいます。ギンザメのなかまは卵生（→P.101）ですが、サメのなかまには、卵生のものと胎生のものがいます。また、胎生のなかには、おなかの中の子どもの育ち方に、さまざまな形があります。

卵生

子どもは、産みおとされた卵の中で成長し、そこから赤ちゃんとして生まれます。
（ギンザメ目やネコザメ目など）

胎生

卵黄などで育つ

子どもは、母親のおなかの中で卵黄などの栄養で育ち、赤ちゃんとして生まれます。
（カグラザメ目やノコギリザメ目）

ほかの卵を食べて育つ

母親のおなかの中で、先に卵からかえった子どもは、ほかの卵を食べて育ち、赤ちゃんとして生まれます。
（ホホジロザメなどネズミザメ目の一部）

母親から栄養をもらって育つ

子どもは、母親のおなかの中で、母親から直接栄養をもらって育ち、赤ちゃんとして生まれます。
（シュモクザメ科やメジロザメ科の多く）

守り育てる戦略

◆門名　◆目名　◆科名　◆大きさ　◆分布　◆水深　◆食べもの

無事に育つために

えものをくりぬいた巣で育てるのよ！

子どもたち

どうかしら？ このベビーカーいいでしょ？
とうめいで中の卵や子どもたちがよく見えるし、
たくさんの子どもたちを
安全に運ぶのもとっても楽なの。
え？ どこで手に入れたかって？
じつは、これ、サルパっていう
とうめいな生きものをおそって、
中をくりぬいてつくったの。
この中に卵を産んで、
卵からかえった子どもは
この巣を食べながら、中で安全に育つの。
子どもたちにとっては、家でもあり
ベビーカーでもあり
ごはんでもあるってわけ。

オオタルマワシの母親

わたしの名は オオタルマワシ

Q サルパって、どんな生物?

A オオグチボヤ（→P.48）などと同じ尾索動物のなかまです。とうめいなからだをしています。ひとつの個体で生きる時期と、いくつもの個体がつながって生きる時期とがあります。サルパのなかまは世界中の海の、浅い海から深海までいて、多くの生きもののえさになります。

サルパ

フトスジサルパ
ほぼ世界中の海の、水深20mから4000mほどの広いはんいにいます。写真は大西洋の深海で撮影されました。プランクトンなどを食べ、クラゲやウミガメ、魚などに食べられます。

ホンヒメサルパ
1つの個体は1mm～1cmほど。ほぼとうめいで、しずくのような形に見えるのは内臓です。たくさんつながって長くなります。大発生すると、1m³に1000びきにもなり、漁業のさまたげになります。

本当の大きさ

オオタルマワシ　*Phronima sedentaria*
エイリアンのようなすがたですが、エビやカニと同じ節足動物のなかのヨコエビという生きもののなかまです。小さなからだですが、サルパなどゼラチン質の生きものをおそって中身をくりぬき、たるのような形にして、その中で子育てをします。春、山口県の青海島近海などでは、たくさんのオオタルマワシが浅い海に上がってくることもあります。
- ◆節足動物門端脚目タルマワシ科
- ◆全長2.5cm
- ◆世界各地の熱帯～温帯の海
- ◆0～3300m
- ◆サルパなど

守り育てる戦略

深海のヨコエビのなかま

ノコギリウミノミの一種
Scinidae gen. sp.
端脚目の生きものをヨコエビとよびます。1cm前後の小さなものが多いのですが、アリケラ・ギガンテア（→P.121）のような大きなものもいます。写真は相模湾の水深1453mで撮影された小型のヨコエビ、ノコギリウミノミの一種です。尾をふり、あしを上下に動かしながら泳いでいました。
◆節足動物門端脚目ノコギリウミノミ科

クラゲノミの一種
Hyperiidea gen. sp.
ヨコエビには、砂やどろ、石の下などにかくれてくらすものが多いのですが、かくれ場所のない深海の海中にいるクラゲノミのなかまは、クラゲの傘などにくっついてくらすものがたくさんいます（→P.127）。深海の生きものも、たがいに関係をもって生きているのです。
◆節足動物門端脚目クラゲノミ亜目

ヨコエビの一種
Gammaridea gen. sp.
ヨコエビは陸上から深海まで、地球上でもっとも広いはんいにくらすようになった生きものです。写真は三陸沖の水深2624mで撮影されました。たくさんのヨコエビが群れて泳いでいました。
◆節足動物門端脚目ヨコエビ亜目

わたしの名は ミツマタ

無事に育つために
子どものときは、眼が飛びだしているんだよ！

眼
眼柄
眼

Q おとなになると、どんなすがたになるの？

A 成長するにしたがって眼柄が短くなり、おとなになると眼はふつうの魚のように頭におさまります。メスはぐんぐん大きくなり長いひげもはえますが、オスはほとんど成長せず、ひげもはえません。

ミツマタヤリウオのおとなのメス
ヘビのように細長い体型です。ひげの先と、腹部にならんだ発光器があります。小さなオスにも腹部に発光器があり、おたがいに光で合図を送っていると考えられます。

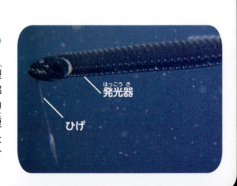

発光器
ひげ

ヤリウオ

ミツマタヤリウオ
Idiacanthus antrostomus

写真は、ミツマタヤリウオの子どもです。全長は5cmほど。からだは、ほとんどとうめいです。眼は、眼柄という細長い柄の先についています。眼がはなれていることで、広いはんいが見えるだけでなく、からだを動かさずにまわりのようすが見えるので、敵から見つかりにくいのではないかと考えられています。

- ◆脊索動物門ワニトカゲギス目ワニトカゲギス科
- ◆全長38cm（メス）、8cm（オス）
- ◆太平洋
- ◆400〜1500m
- ◆魚類や甲殻類など

本当の大きさ

見て見て！ この眼、長くてかっこいいでしょ？
頭から柄がのびていて、その先についているんだ。
きみたち人間に、もし、こんな眼がついていたら
たぶん、頭から30cmくらいの棒がのびていて
その先に眼があるような感じになるね。
柄には筋肉があるから、自由に動かせるんだよ。
深海は生きものが少なくて、
わたしたちのような子どもの魚は
たくさんの敵にねらわれるから、
眼がはなれていて広いはんいが見えるのは便利なんだ。
おとなになると、柄がちぢんで眼はひっこむんだけどね。

守り育てる戦略

ミツマタヤリウオのなかま

ナンヨウミツマタヤリウオ
Idiacanthus fasciola

からだは細長くウナギのような体型です。メスは大きくてひげがはえますが、オスはメスより小さくてひげもはえません。写真はメス。
- ◆脊索動物門ワニトカゲギス目ワニトカゲギス科
- ◆体長49cm（最大）
- ◆太平洋・大西洋・インド洋
- ◆400〜800m
- ◆魚類など

ホウライエソ（→P.23,33）
Chauliodus sloani

背びれの先の発光器などでえものをさそい、大きく口をあけてえものをとらえます。写真は、メキシコ湾の水深1000mから、漁をする網にかかってとらえられた個体です。
- ◆脊索動物門ワニトカゲギス目ワニトカゲギス科
- ◆体長35cm
- ◆世界各地の深海
- ◆200〜4700m
- ◆魚類など

おとなになると

なぜか、泳がないのだ！

Q 子どものときは、どんなすがたをしているの？

A テマリクラゲなどと同じように、丸い体型をしていて、8列の櫛板があり、それを細かく動かして泳ぎます。

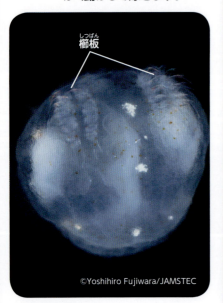

櫛板

©Yoshihiro Fujiwara/JAMSTEC

コトクラゲの子ども
潜水調査船で採集したコトクラゲを、船の中の水槽で飼育して観察していたところ、夜中にからだがくずれました。よく見ると、体内から卵や、写真のような子どもが出てきました。子どもの直径は1mmほど。それでも、ちゃんと櫛板が見えます。

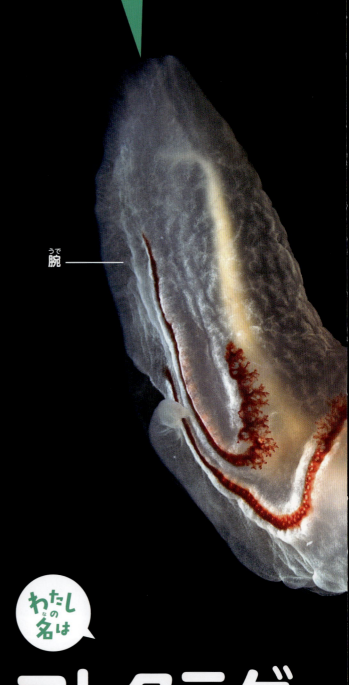

腕

わたしの名は コトクラゲ

©Yoshihiro Fujiwara/JAMSTEC

わたしたちは、テマリクラゲ（→P.44）と同じ、クシクラゲのなかま。
子どものときは櫛板があって、海の中をただよっていたけれど
おとなになると海底の石や岩にくっついてくらすの。
でも、ゆっくりはうことはできるよ。
耳のように見えるところは腕。
ここからべたべたした触手をのばして、
プランクトンなんかをくっつけて食べているんだ。

触手

本当の大きさ

コトクラゲ　*Lyrocteis imperatoris*

学名の*imperatoris*は、皇帝という意味。採集者である昭和天皇にちなんでつけられました。さまざまな色のものがいます。なぜ、おとなになると櫛板がなくなって海底にくっついてくらすかなど、わからないことがたくさんあります。まだ発見された数が少なく、なぞの多い生きものです。写真は、採集されて水槽で撮影されたものです。

◆有櫛動物門クシヒラムシ目コトクラゲ科
◆高さ15cm以下
◆日本近海
◆70〜470m
◆小型のプランクトン

いろいろな色のコトクラゲたち

©Yoshihiro Fujiwara/JAMSTEC

黄色いコトクラゲ
鹿児島県野間岬沖の水深229mで採集されました。水槽に入れて飼育し、生きたすがたを撮影しました。

ピンクのもようのあるコトクラゲ
鹿児島県野間岬沖の水深227mで、「ハイパードルフィン」が撮影した映像です。死んだクジラを観察するために、海底に固定したロープにくっついていました。

まっ白と黄色のコトクラゲ
画面右から左へ海水が流れていたので、2ひきとも、その潮の流れによって腕がなびいて、ゆれていました。

守り育てる戦略

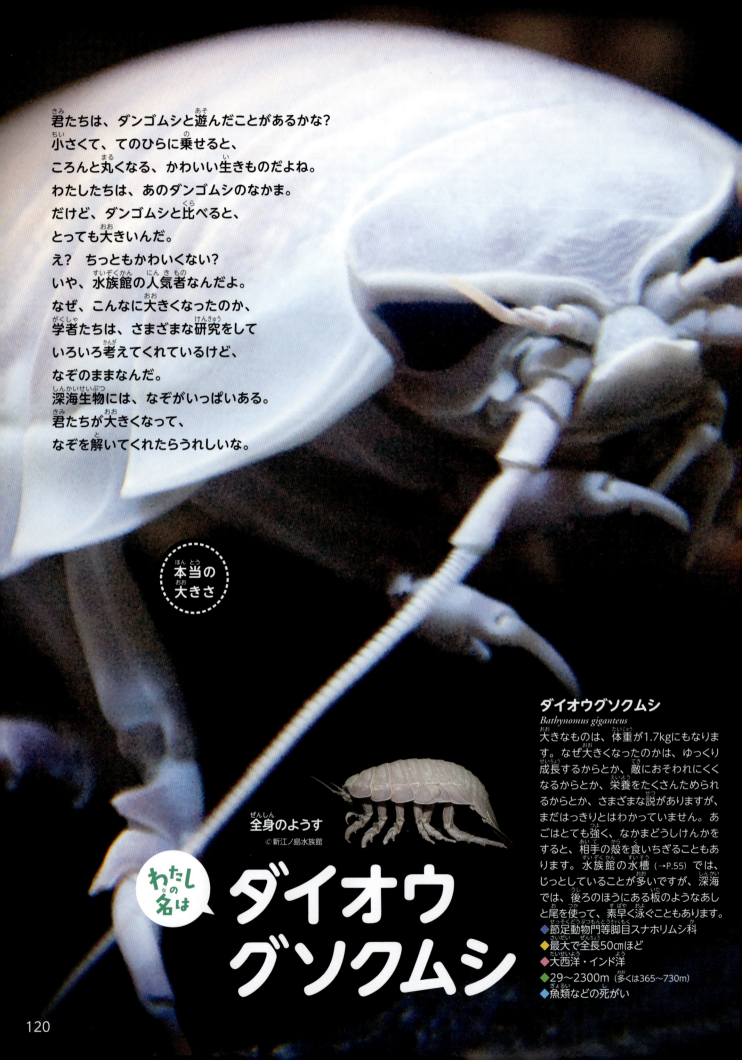

君たちは、ダンゴムシと遊んだことがあるかな?
小さくて、てのひらに乗せると、
ころんと丸くなる、かわいい生きものだよね。
わたしたちは、あのダンゴムシのなかま。
だけど、ダンゴムシと比べると、
とっても大きいんだ。
え? ちっともかわいくない?
いや、水族館の人気者なんだよ。
なぜ、こんなに大きくなったのか、
学者たちは、さまざまな研究をして
いろいろ考えてくれているけど、
なぞのままなんだ。
深海生物には、なぞがいっぱいある。
君たちが大きくなって、
なぞを解いてくれたらうれしいな。

本当の大きさ

全身のようす
©新江ノ島水族館

わたしの名は

ダイオウグソクムシ

ダイオウグソクムシ
Bathynomus giganteus

大きなものは、体重が1.7kgにもなります。なぜ大きくなったのかは、ゆっくり成長するからとか、敵におそわれにくくなるからとか、栄養をたくさんためられるからとか、さまざまな説がありますが、まだはっきりとはわかっていません。あごはとても強く、なかまどうしけんかをすると、相手の殻を食いちぎることもあります。水族館の水槽(→P.55)では、じっとしていることが多いですが、深海では、後ろのほうにある板のようなあしと尾を使って、素早く泳ぐこともあります。

- ◆節足動物門等脚目スナホリムシ科
- ◆最大で全長50cmほど
- ◆大西洋・インド洋
- ◆29〜2300m(多くは365〜730m)
- ◆魚類などの死がい

おとなになると巨大になるのさ！

Q ダンゴムシのなかまと似ているのはどんなところ？

A 陸にくらすオカダンゴムシは、落ち葉などを食べる「森のそうじ屋」。ダイオウグソクムシは、深海の海底でクジラや魚の死がいを食べる「深海のそうじ屋」です。大きさはとてもちがいますが、環境のなかでのはたらきは同じです。オカダンゴムシは、おどろくと丸くなりますが、ダイオウグソクムシも、少し丸くなることがあります。
日本の海には、オオグソクムシというダイオウグソクムシのなかまがいます。

オカダンゴムシ
体長は1cmほど。からだをのばして歩き、おどろいたりすると、小さなボールのように丸くなります。落ち葉などを食べ、消化してふんをすることで、森の栄養に変えるはたらきをしています。

オオグソクムシ
日本近海の水深100〜800mあたりにいます。体長は12cmほど。上の写真は南西諸島の水深640mの海底に魚を置く実験をしたところです。オオグソクムシが来て魚を食べました。下の写真は少し丸くなったところです。

巨大化する深海生物たち

タカアシガニ
Macrocheira kaempferi
あしを広げると3m以上になる世界一あしの長いカニです。相模湾や駿河湾では漁がおこなわれています。巨大化の理由はなぞです。
◆節足動物門十脚目クモガニ科
◆甲らのはば約30cm
◆岩手県以南の太平洋・台湾沿岸
◆30〜550m　◆貝類や甲殻類

ダイダラボッチ
Alicella gigantea
写真は2013年に南太平洋の水深6200mという超深海（→P.6）から採集された、全長24cmもある巨大なヨコエビ（→P.115）です。
◆節足動物門端脚目アリケリダエ科
◆全長34cm（最大）
◆太平洋・大西洋　◆1000〜7000m
◆肉食

ダイオウゴカクヒトデ
Mariaster giganteus
日本最大のヒトデです。1914年の報告以来ほとんど発見されませんでしたが、2008〜2009年に巨大なものが発見されました。
◆棘皮動物門アカヒトデ目ゴカクヒトデ科
◆輻長40cm（最大）
◆相模湾〜奄美大島沖の日本沿岸
◆160〜1120m

©国立研究開発法人水産研究・教育機構 木暮陽一

守り育てる戦略

深海生物で見る生物の進化となかま分け

地球最初の生物は、たったひとつの細胞でできている単細胞生物だったと考えられています。その後いくつかの細胞がつながった多細胞生物が生まれ、さらにふくざつになり、この本で見てきたような、さまざまな生物が生まれてきました。この生物の変化を進化といいます。今生きているたくさんの生物を、進化の道すじのなかで見ていくと、そのちがいがよくわかります。本文でしょうかいした生物を例に見ていきましょう。

大まかな進化となかま分け

生物は、真正細菌、古細菌、真核生物という3つのグループに大きく分けることができます。

真正細菌

プロテオバクテリア門（大腸菌など）

ファーミキューテス門（乳酸菌など）

シアノバクテリア門（シアノバクテリアなど）

大腸菌や乳酸菌などの細菌のなかまです。化学合成細菌（→P.57）の多くもふくまれます。

（原核生物）

古細菌

クレンアーキオータ門（超高熱性古細菌など）

ユーリアーキオータ門（メタン生成古細菌など）

高温や高塩分など、この極端な環境を好む細菌のなかまです。化学合成細菌の一部もふくまれます。

真核生物

細胞の中にある核が、膜でつつまれている生物です。動物や植物や菌類、また、原生生物とよばれる単細胞生物などがふくまれます。

植物界（草・木など）

菌界（キノコなど）

原生生物界（ゾウリムシ・ミドリムシなど）

最初の生物

地球で最初の生物については、さまざまな説がありますが、海中の熱水がふきだす場所で生まれたのではないかともいわれています。

地球誕生と生命の歴史

地球が誕生し、最初の生物が生まれてから、長い間は単細胞生物だけの世界でした。10億年ほど前に多細胞生物が生まれ、5億年ほど前にさまざまな生物が爆発的にふえました。人類が生まれるのはずっとあとですが、大昔からあまり変わらないすがたで今も生きている生物もいます。

46億年前ごろ 地球の誕生
誕生したばかりの地球は、どろどろにとけた熱い火の玉のようなすがたでした。

40億年前

38億年前ごろ 最初の生命の誕生
海底の熱水噴出孔（→P.54）のようなところで生まれたという説もあります。

30億年前

27億年前ごろ 酸素を生む生物の誕生
シアノバクテリアなど酸素を生む生物が誕生し、地球の大気に酸素がふえました。

生物のなかま分けと名前

生物は、進化にそってグループになかま分けされ、大きなグループの順に、界-門-綱-目-科-属-種と分けられています。また、なかま分けをもとにつけられた生物の名前を学名といいます。学名は世界共通で、その生きものの属名と種名であらわします。

学名の例：
チョウチンアンコウ
Himantolophus groenlandicus
チョウチンアンコウ属　種名

属名しかわからないときは、属名のあとに sp. と記します。科名や目名などしかわからないときは、科名や目名のあとに gen. sp. と記します。～の一種、という意味です。

動物界

動物は、植物や菌類、原生生物とならぶ真核生物のひとつです。海や地上には、さまざまに進化した多様な動物がくらしています。深海には、細菌などもいますが、目に見える生物はほとんどが動物です。

- 刺胞動物門（クラゲなど）
- 環形動物門（ハオリムシなど）
- 有櫛動物門（クシクラゲなど）
- 軟体動物門（イカ・タコなど）
- 節足動物門（エビ・カニなど）
- 棘皮動物門（ナマコなど）
- 海綿動物門（カイメンなど）
- 毛顎動物門（ヤムシなど）
- 脊索動物門（魚類・哺乳類など）

たとえば、チョウチンアンコウの場合は、

真核生物 → 動物界（菌界、植物界など）
→ 脊索動物門（軟体動物門、節足動物門など）
→ 脊椎動物亜門（頭索動物亜門、尾索動物亜門など）
→ 硬骨魚綱（鳥綱、哺乳綱、軟骨魚綱など）
→ アンコウ目（シーラカンス目、キュウリウオ目、ウナギ目など）
→ チョウチンアンコウ科（シダアンコウ科、オニアンコウ科など）
→ チョウチンアンコウ属
→ チョウチンアンコウ

という種となります。

亜門や上綱のように、それぞれのグループの間のなかま分けをすることもあります。また最近は、界ではなく、スーパーグループというなかま分けに組み直されつつあります。

| 20億年前 | 10億年前 | | | | 現在 |

10億年前ごろ　多細胞生物の誕生
細胞がふえることで、生物のからだに、さまざまな変化が生まれました。

5億4000万年前ごろ　生物大爆発
アノマロカリスなどさまざまな生物が爆発的に生まれました。

5億年前ごろ　魚類誕生
背骨のある動物が生まれ、魚の祖先が生まれました。

2億3000万年前ごろ　恐竜と哺乳類の誕生
巨大な恐竜が生まれ、そのかげで小さな哺乳類、わたしたちの祖先も生まれました。

700万年前ごろ　人類誕生
ほとんどの恐竜が絶滅したあと、哺乳類のなかから、人類（猿人）が生まれました。

深海にすむ「生きた化石」たち

長い地球の歴史のなかで、多くの生物が、親から子へと世代を重ねる間に、そのすがたを少しずつ変えて進化してきました。また、たくさんの種が、環境の変化にあわせられなくなったり、敵に食べつくされたりして絶滅しました。いっぽう、大昔の祖先に似たすがたのまま世代を重ねて、今も生きている生物もいます。そんな生物を「生きた化石」といいます。

生物大爆発からの流れ

細菌などの原始的な生物しかいなかった長い時代を先カンブリア時代といいます。さまざまな生物が爆発的に生まれ魚も誕生した時代を古生代、恐竜が栄え哺乳類も生まれた時代を中生代、現在いる生物と近い生物が生まれ人類も誕生した時代を新生代といいます。

写真からの引き出し線は、「生きた化石」とよばれる生物とすがたの似た祖先が生まれた時代や、その生物に似たすがたの化石が発見された時代を示しています。

ゾウギンザメ（→P.100）
4億年も前から、あまりすがたを変えずに世代を重ねてきた原始的な魚です。研究の結果、とても進化のスピードがおそい生物だということがわかりました。

4億年前

6億年前	5億年前		4億年前		
先カンブリア時代	カンブリア紀	オルドビス紀	シルル紀	デボン紀	石炭紀
			古生代		

カンブリア紀

オウムガイ
巻き貝のように見えますが、イカやタコと同じ頭足類の原始的ななかまです。殻の長さは20cmほど。水深200mあたりで捕獲されることがあります。オウムガイの祖先は、カンブリア紀前期にあらわれオルドビス紀に栄えましたが、古生代の終わりにはほとんど絶滅して、現在生きのこっているオウムガイのなかまは9種だけです。

オルドビス紀

ウミユリの一種
植物のように見えますが、ヒトデなどと同じ棘皮動物です。海底に立っていますが、ゆっくりはうこともあります。ウミユリの祖先は、古生代には浅い海にもたくさんいましたが、今は水深100mより深い海にしかいません。

ラブカ
大きいものは体長2mになります。相模湾と駿河湾では、ときどき網にかかってつかまります。多くのサメは、左右5つずつのえらをもっていますが、ラブカは6つずつ。デボン紀の地層から、ラブカに似たすがたのサメの化石が見つかっています。

コウモリダコ（→P.72）
頭足類ですが、イカともタコともちがう原始的ななかまです。恐竜が栄えていた中生代のジュラ紀や白亜紀の地層からは、現在のコウモリダコと似た生物の化石が発見されています。

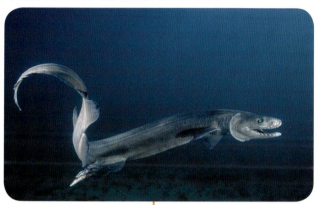

デボン紀

©Dhugal J.Lindsay

ジュラ紀

3億年前 | 2億年前 | 1億年前 | 現在
中生代 | 新生代
ペルム紀 | 三畳紀 | ジュラ紀 | 白亜紀 | 古第三紀 | 新第三紀 | 第四紀

シルル紀

デボン紀

テラマチオキナエビス（→P.81）
殻の直径が約10cmと大きめの巻き貝です。殻に切れこみがあり、原始的な貝の特徴を残しています。この貝のなかまの祖先は、古生代シルル紀にあらわれて石炭紀には浅い海にたくさんいましたが、その後数がへり、深海にすむものだけが生きのこりました。

シーラカンスの一種
体長は1～2mほど。手足のように発達したひれをもつ魚です。シーラカンスの祖先はデボン紀にあらわれたと考えられています。中生代の地層からシーラカンスに似た化石が発見されていますが、それほど似ていないのではないかという説もあり、研究がすすめられています。

生物はかかわりあって生きている

この図鑑でしょうかいした、食う・食われない、ふやす、守り育てるという戦略は、生物どうしのかかわりのなかでおこなわれています。このほかに共生という関係もあります。さまざまなかかわりを見てみましょう。

ふやす・育てる

生物は、自分が生きるだけでなく、子孫を残そうとします。そうしなければ、その種は絶滅してしまいます。多細胞生物の多くは、同じ種どうしが、オスとメスに分かれて子をつくってふえます。また、子どもが無事に育つように守ったり育てたりするものもいます。

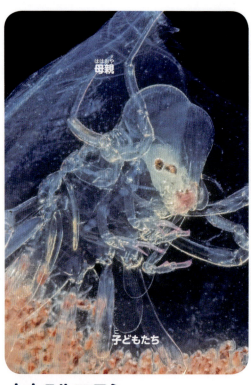

オオタルマワシ（→p.114）の母親と子どもたち
母親は、ゼラチン生物の中身を食べ、その中に卵を産んで子育てをします。

ヤムシの一種（→p.103）の群れ
潜水調査船のロボットアームのまわりを無数のヤムシが泳いでいます。1ぴきのからだに、オスとメス両方のはたらきをもち、2ひきが精子をわたしあって子孫を残します。

深海性のアンコウの一種
大きなメスのおなかに、小さなオスがかじりつきます。メスはオスから精子を受けとりやすくなり、子どもを残すことができます。

食う・食われる

動物は、ほかの生物を食べなくてはなりません。深海にはえさとなる植物がないため、深海で生きる動物どうしの食うか食われるかの戦いがいつもおこなわれています。

カムリクラゲの一種
白い魚をとらえて食べようとしています。深海で生物がほかの生物をとらえたすがたを撮影したためずらしい写真です。

ヘビトカゲギス
大きくのびる胃に、大きなえものをおさめたようです。えものの少ない深海では、大きいえものでもむりやり食べなければなりません。

共生する

深海の生物には、他の生物を、卵を産む場所として利用したり、自分のすみかとしたりしているものがいます。また、細菌を体内にすまわせ、細菌がつくる栄養をもらうという関係もあります。このように、利益をえたりあたえたりしながらともにくらす関係を共生といいます。

エゾイバラガニ（→P.53）と ヒメコンニャクウオ

エゾイバラガニにヒメコンニャクウオがくっつき、カニの甲らの中に卵を産もうとしています。子どもは卵からかえるまで、甲らの中で守られます。

ガラパゴスハオリムシ（→P.56）と化学合成細菌

ガラパゴスハオリムシのからだの中には、硫化水素から栄養をつくれる化学合成細菌がいます。細菌はガラパゴスハオリムシに栄養をあたえ、硫化水素の近くに安全にすむ場所を確保しています。

アカチョウチンクラゲ（→P.70）と ヨコエビの一種（→P.115）

アカチョウチンクラゲの傘に、ヨコエビの一種がついています。ヨコエビは、自分より大きなクラゲをすみかにすることで、敵にねらわれにくくなり、安全に生きることができます。

ヤドカリの一種と イソギンチャクの一種

ヤドカリの一種に、イソギンチャクがくっついています。ヤドカリはイソギンチャクの毒で身を守り、イソギンチャクは、ヤドカリといっしょに動いてえさをとることができます。

わたしたちの生活と深海生物のつながり

まだまだ解明されていない、たくさんのなぞに満ちた深海ですが、
そこにすむ生物たちとわたしたちのあいだにも、さまざまな関係があります。

食べる

わたしたちがふだんたべている魚などのなかにも、じつは、いろいろな深海生物がいます。

ベニズワイガニ（→P.69）
甲らのはばは12cmほど。多くのカニは加熱すると赤くなりますが、ベニズワイガニは、生きているときから赤い色をしています。写真のような蒸しもののほか、焼いたりなべ料理にしたりして食べます。

ホタルイカ（→P.63）
全身が青白く発光します。ホタルイカが浅い海に上がってくる富山市や魚津市の岸に近い海は、国の特別天然記念物に指定されています。ゆでたり煮たり焼いたりして食べます。

アカザエビ（→P.69）
体長25cmほどになります。殻がやわらかく、あま味が強いので世界的に人気があります。写真のようにサラダにするほか、オーブン焼きやフライにして食べます。

アカイカ（→P.61）
胴の長さが45cmほどになります。からだが赤紫色なので、ムラサキイカともよばれます。写真のようなすしのほか、焼いたり煮たりして食べます。

マダラ
水深200〜400mくらいの深海にいます。体長は80cmほどになります。写真のような焼きもののほかなべ料理やフリッター、グラタンなどで食べます。

キンメダイ（→P.21,35）
光が弱くとどく深海にいるので眼が大きく、深海で見つかりにくい赤い色をしています。写真のような煮つけのほか、さし身やなべ料理でも食べます。

影響をあたえる

わたしたちの生活は海とつながっています。深海の底には、洗たく機のような大きなものから、ポリ袋のような小さなものまで、人間が出したさまざまなごみがしずんでいます。ポリ袋を魚が食べると、消化できずに死んでしまうこともあります。眼に見えない有害な化学物質を食べた生物をわたしたちが食べると、わたしたちのからだも毒におかされます。

深海の底にしずんだ洗たく機。

深海をただようポリ袋。

ハダカカメガイ（→P.42）のえものであるミジンウキマイマイのような小さな貝が育ちにくくなっているという報告があります。空気中の二酸化炭素がふえると海水が酸性化し、貝が殻をつくりにくくなるのです。わたしたちが出す二酸化炭素は、深海の小さな生物にも影響をおよぼします。

ミジンウキマイマイ（→P.43）

できるだけ二酸化炭素を出さないために、電気を節約する、ごみをへらすなど、わたしたちにできることはたくさんあります。

研究する・知る

深海の生物のなぞに、多くの研究者がいどんでいます。研究の基本は、じっさいに深海の生物を見て観察することです。有人潜水調査船の窓から見たり、無人探査機の映像を見たりして、生きたすがたを観察します。網にかかったものや、調査船でつかまえたものは、飼ったり解剖したりして研究します。

研究者は調査船に乗りこみ、長いときは何か月もの航海をして調査します。

研究室では、いろいろな方法で深海生物のくわしいからだのつくりを調べます。

わたしたちはその研究の成果を知ることで、生物の進化の道すじを知り、これから深海の生物や海とどうかかわっていくべきか考えることができます。

海洋研究開発機構（JAMSTEC）の一般公開のようすです。

国立科学博物館での「深海展」のようすです。

深海生物に会いに行こう！

水族館や博物館などでは、深海生物を飼育して展示したり、標本を展示したりしているところがあるので、じっさいに深海生物に出会うことができます。また、ウェブサイトでも、生きた深海生物のすがたを見たり、最新情報を知ったりすることができます。

水族館・博物館

深海生物は飼育がむずかしいので、見たい生物がいつも展示されているとはかぎりません。前もって調べたり問いあわせしたりしてから行きましょう。

新江ノ島水族館

展示「深海I」では、JAMSTECとの共同研究によって深海生物の飼育がおこなわれ、化学合成細菌と共生する生物が生きる環境を再現した化学合成生態系水槽もあります。

【住所】〒251-0035
　　　　神奈川県藤沢市片瀬海岸2-19-1
【電話】0466-29-9960
【ホームページ】
　　　　http://www.enosui.com/

沼津港深海水族館 シーラカンス・ミュージアム

目の前に広がる駿河湾をベースに、深海生物を発見して飼育や展示しています。ほんもののシーラカンス（→P.125）の標本も見ることができます。

【住所】〒410-0845
　　　　静岡県沼津市千本港町83番地
【電話】055-954-0606
【ホームページ】
　　　　http://www.numazu-deepsea.com/

メンダコ（→P.90）

ミドリフサアンコウ（→P.68）

沖縄美ら海水族館

「深海への旅」のコーナーでは、ダイオウイカの標本も展示されています。深海探検の部屋では、沖縄の深海600m付近の水温を体験できるポケット水槽もあります。

【住所】〒905-0206
　　　　沖縄県国頭郡本部町字石川424番地
【電話】0980-48-3748
【ホームページ】
　　　　https://churaumi.okinawa

ダイオウイカ（→P.60）の標本

ムラサキヌタウナギ（→P.78）

オオグソクムシ（→P.121）

東海大学海洋科学博物館

日本一深く、深海生物がたくさん生息している駿河湾に面している博物館です。「駿河湾の深海生物」や「リュウグウノツカイ」、「ラブカ」のコーナーがあります。

- 【住所】〒424-8620
  静岡県静岡市清水区三保2389
- 【電話】054-334-2385
- 【ホームページ】
  http://www.umi.muse-tokai.jp

「ラブカ」(→P.125) のコーナー

「駿河湾の深海生物」のコーナー

ミツクリザメ (→P.32) の標本

©東海大学海洋科学博物館

国立科学博物館

「地球の多様な生き物たち」のコーナーでは、化学合成生態系の展示があり、化学合成細菌と共生するものなどさまざまな生物の標本やレプリカが展示されています。

- 【住所】〒110-8718
  東京都台東区上野公園7-20
- 【電話】03-5777-8600（ハローダイヤル）
- 【ホームページ】
  http://www.kahaku.go.jp/

サツマハオリムシ (→P.57) の標本

ユノハナガニ (→P.55) のレプリカ

所蔵:JAMSTEC 写真提供:国立科学博物館

ウェブサイトでも

研究所のウェブサイトなどで、深海生物の生きたすがたの映像を見たり、新しい情報を知ったりすることもできます。

（情報は2020年5月現在）

海洋研究開発機構（JAMSTEC）

海洋研究開発機構は、海の生物や環境、海底資源などさまざまな研究をしています。ウェブサイトでは、潜水調査船が撮影した深海生物の映像が見られる「J-EDI深海映像・画像アーカイブス」や、子ども向けにコンテストを開催し、クイズをしょうかいするコーナーがあります。

「J-EDI深海映像・画像アーカイブス」
http://www.godac.jamstec.go.jp/jedi/j/

「JAMSTEC海洋の夢コンテスト」
http://www.jamstec.go.jp/j/kids/hagaki/

文部科学省

「キッズワンダープロジェクト」の「深海ワンダー」コーナーでは、深海生物や研究者の話の映像を見ることができます。潜水調査船の情報もしょうかいされています。

http://www.mext.go.jp/wonder/

さくいん

この図鑑に出てくる生きものの名前や用語などを、五十音順にならべました。生きものの名前は、日本で使用されている和名をもとにカタカナで表記しています。カタカナの下にあるものは学名です。赤字は大きな写真でしょうかいしているページ、青字は写真やイラストでしょうかいしているページ、黒字はかんたんな説明のページです。

あ

アカイカ　　　　　　　　　　　61,128
Ommastrephes bartramii

アカカブトクラゲ　　　　前見返し,69
Lampocteis cruentiventer

アカザエビ　　　　　　　　　69,128
Metanephrops japonicus

アカチョウチンクラゲ　70-71,127,後ろ見返し
Pandea rubra

アカドンコ　　　　　　　　　　　93
Ebinania vermiculata

アカボウクジラ　　　　　　　　　27
Ziphius cavirostris

アカモンミノエビ　　　　　　　　75
Heterocarpus sibogae

圧力　　　　　　　　　　　8,10,87

アノマロカリス　　　　　　　　123
Anomalocaris sp.

アメリカオオアカイカ　　　　　　61
Dosidicus gigas

アルビン　　　　　　　　　　　　16

アルビンガイ　　　　　　　　　　81
Alviniconcha hessleri

アレクサンドロス大王　　　　　　15

アンコウの一種　　　　　　　　126
Lophiiformes gen. sp.

い

イエティクラブ　　　　　　　　　55
Kiwa hirsuta

イエティクラブの一種　　　　　　55
Kiwa sp.

イカ　　　　　　　　　　　　73,74

生きた化石　　73,81,101,108,124-125

イソギンチャク　　　　　　　　105

イソギンチャクの一種　　　　　127
Actiniaria gen. sp.

イソヤムシ　　　　　　　　　　102
Spadella cephaloptera

イタチザメ　　　　　　　　　　　53
Galeocerdo cuvier

イトヒキイワシの一種　　前見返し,67,85
Bathypterois sp.

イロブダイ　　　　　　　　　　105
Cetoscarus bicolor

インドオニアンコウ　　　12,65,96-97
Linophryne indica

う

ウカレウシナマコ　　　　　　　　47
Peniagone dubia

ウナギの一種の子ども　　65,後ろ見返し
Anguilliformes gen. sp.

ウバザメ　　　　　　　　　　　　33
Cetorhinus maximus

ウミグモの一種　　　　　　　108-109
Pycnogonida gen. sp.

ウミグモのなかま　　　　　　71,109

ウミユリの一種　　　　　　　　124
Metacrinus sp.

ウラナイカジカの一種　　　　　　93
Psychrolutes sp.

ウリクラゲの一種　　　　　　37,45
Beroe sp.

ウロコフネタマガイ（スケーリーフット）　12,17,80-81,130
Chrysomallon squamiferum

ウロコムシの一種　　　　　　76-77
Polynoidae gen. sp.

ウロコムシの一種　　　　　　　　77
Aphroditacea gen. sp.

え

エコーロケーション　　　　　　　27

エゾイバラガニ　　　　前見返し,53,127
Paralomis multispina

江戸っ子1号プロジェクト　　　　86

エラゴカイのなかま　　　　　　　89

お

オウムガイ　　　　　　　　　　124
Nautilus pompilius

オオイトヒキイワシ　　　　　　　49
Bathypterois grallator

オオウミグモの一種　　　　　　109
Colossendeis sp.

オオグソクムシ　　　　　　121,130
Bathynomus doederleini

オオクチホシエソ　　　　　　22-23
Malacosteus niger

オオグチボヤ　　　　　13,48-49,115
Megalodicopia hians

オオサガ　　　　　　　　前見返し,69
Sebastes iracundus

オオタルマワシ　　　　12,114-115,126
Phronima sedentaria

オオメコビトザメ　　　　　　21,39
Squaliolus laticaudus

オオヨコエソ　　　　　　　　104-105
Sigmops elongatus

オオワニザメ　　　　　　　　　　33
Odontaspis ferox

オカダンゴムシ　　　　　　　　121
Armadillidium vulgare

沖縄美ら海水族館　　　　　　61,130

オケサナマコ　　　　　　　　　　47
Peniagone leander

オサガメ　　　　　　　　　　　　27
Dermochelys coriacea

オニアンコウの一種　　　97,後ろ見返し
Linophryne sp.

オニキンメ　　　　　　　　12,34-35
Anoplogaster cornuta

オニキンメの子ども　　　　　　　35

オニナマコのなかま　　　　　　　47

オニボウズギス　　　　　　　36-37
Chiasmodon niger

オビクラゲ　　　　　　45,後ろ見返し
Cestum veneris

オヨギゴカイ　　　　　　　　　　65
Tomopteris pacifica

か

外核　　　　　　　　　　　　　　6

海溝　　　　　　　　　　　　　7,9

かいこう　　　　　　　　　　17,50

カイコウオオソコエビ　　14,17,50-51,87
Hirondellea gigas

かいこう7000Ⅱ　　　　　　　　　17

海底火山　　　　　　　　　　　　9

海綿動物　　　　　　　　　　　　99

海綿動物門　　　　　　　　　49,123

海洋研究開発機構（JAMSTEC）　3,55,86,129,130,131

海洋地殻　　　　　　　　　　　10

海嶺　　　　　　　　　　　　　10

カイレイツノナシオハラエビ　　55,89
Rimicaris kairei

カイロウドウケツ　　　　　　　　99
Euplectella sp.

ガウシア　　　　　　　　　　　　75
Gaussia princeps

カウンターイルミネーション　　　63

化学合成　　　　　　　　57,130,131

化学合成細菌　　16,53,54,55,57,80,81,89,111,122,127,130,131

核（細胞）　　　　　　　　　　122

学名　　　　　　　　　　　　4,123

カグラザメ　　　　　　　　112-113
Hexanchus griseus

カクレクマノミ　　　　　　　　105
Amphiprion ocellaris

火山　　　　　　　　　　　　　　8

カスミエビの一種　　　　　　　　99
Sergestes sp.

カニの子ども　　　　　　99,後ろ見返し
Decapoda gen. sp.

カムリクラゲの一種　　　　　　126
Coronatae gen. sp.

カメガイの一種　　　　　　　　　43
Cavolinia sp.

ガラパゴスハオリムシ　　12,56-57,89,127
Riftia pachyptila

環形動物門　　　　　53,57,77,89,123

ガンコ ... 93
Dasycottus setiger

カンテンナマコの一種 ... 47
Laetmogone sp.

き

ギガントキプリスの一種 ... 111
Gigantocypris sp.

キタヤムシ ... 103
Parasagitta elegans

キャラウシナマコ ... 47
Peniagone azorica

求愛行動 ... 102

共生 ... 16,53,57,81,89,111,127

恐竜 ... 123,124

棘皮動物門 ... 47,121,123

魚類 ... 49,123

菌界 ... 122,123

ギンザメのなかま ... 101,113

ギンザメの一種 ... 前見返し
Chimaera sp.

キンメダイ ... 21,35,128
Beryx splendens

く

クサウオの一種 ... 14,87
Liparis sp.

クシクラゲのなかま ... 37,44,69,119

クジラウオの一種 ... 25,後ろ見返し
Cetichthys sp.

クジラの骨 ... 52,53,55

クマサカガイ ... 81
Xenophora pallidula

クラゲダコ ... 73
Amphitretus pelagicus

クラゲノミの一種 ... 前見返し,115
Hyperiidea gen.sp.

クリオネ→ハダカカメガイ

クレナイホシエソ ... 23,後ろ見返し
Pachystomias microdon

クレンアーキオータ門 ... 122

クロカムリクラゲ ... 前見返し,71
Periphylla periphylla

クロシギウナギ ... 41
Avocettina infans

け

ゲイコツナメクジウオ ... 49,53
Asymmetron inferum

原核生物 ... 122

原生生物界 ... 122

こ

光合成 ... 57

コウテイペンギン ... 27
Aptenodytes forsteri

コウモリダコ ... 11,25,72-73,125
Vampyroteuthis infernalis

ゴエモンコシオリエビ ... 11,54-55,89,99,130
Shinkaia crosnieri

ゴカイのなかま ... 57,77

コガネウロコムシの一種 ... 77
Aphroditidae gen. sp.

国立科学博物館 ... 129,131

国立研究開発法人水産研究・教育機構 ... 121

古細菌 ... 122

コトクラゲ ... 118-119
Lyrocteis imperatoris

コトクラゲの子ども ... 118
Lyrocteis imperatoris

さ

最初の生命 ... 122

ササキテカギイカ ... 111
Gonatus madokai

サツマハオリムシ ... 57,131
Lamellibrachia satsuma

サメのなかま ... 113

サメハダホウズキイカ ... 65
Cranchia scabra

ザラビクニン ... 93
Careproctus trachysoma

サルパ ... 114,115

し

シアノバクテリア ... 122
Cyanobacteria gen. sp.

シアノバクテリア門 ... 122

シーラカンスの一種 ... 125
Latimeria sp.

シギウナギ ... 40-41
Nemichthys scolopaceus

シギウナギの一種 ... 41
Nemichthys sp.

シダアンコウの一種 ... 29,67
Gigantactis vanhoeffeni

刺胞動物門 ... 71,123

島 ... 9

シマイシロウリガイ ... 57
Calyptogena okutanii

蛟竜 ... 17

シャチ ... 39
Orcinus orca

JAMSTEC→海洋研究開発機構

雌雄同体 ... 102

ジュウモンジダコの一種 ... 前見返し,91
Grimpoteuthis sp.

種名 ... 4,123

植物界 ... 122,123

シロガネアジの子ども ... 前見返し
Selene vomer

シロヒゲホシエソ ... 23
Melanostomias melanops

新江ノ島水族館 ... 55,120,130

進化 ... 49,122-123,124,129

シンカイエソ ... 85
Bathysaurus mollis

シンカイエソの一種 ... 85
Bathysaurus sp.

シンカイクサウオの一種 ... 14,86-87
Pseudoliparis sp.

しんかい2000 ... 16,47,91,103

しんかい6500 ... 10,13,17,35,47,73,77,91

真核生物 ... 122,123

真正細菌 ... 122

人類 ... 122,123,124

す

水圧 ... 10,86

水温 ... 8,55,86,87

スカシダコ ... 65
Vitreledonella richardi

スケーリーフット→ウロコフネタマガイ

せ

性転換 ... 105

生物大爆発 ... 123

脊索動物門 ... 20,23,25,27,29,31,33,35,36, 38,39,40,41,49,63,64,66,69, 79,85,87,93,96,97,100,101, 105,113,117,123

脊椎動物 ... 49,53,123

節足動物 ... 75

節足動物門 ... 51,54,55,99,108,109, 111,115,120,121,123

センジュナマコ ... 47
Scotoplanes globosa

そ

ゾウギンザメ 100-101,124
Callorhinchus milii

ソコダラの一種 21
Nezumia sp.

た

ダイオウイカ 11,26,60-61,130
Architeuthis dux

ダイオウグソクムシ 12,55,120-121
Bathynomus giganteus

ダイオウクラゲ 71
Stygiomedusa gigantea

ダイオウゴカクヒトデ 121
Mariaster giganteus

ダイオウホウズキイカ 61
Mesonychoteuthis hamiltoni

胎生 113

ダイダラボッチ 115,121
Alicella gigantea

大腸菌 122

ダイビングベル 15

太陽光 8,57

大陸地殻 8

タカアシガニ 99,121
Macrocheira kaempferi

タコ 73,74,91,111

多細胞生物 122,123,126

タテゴトカイメン 49
Chondrocladia lyra

ダルマザメ 12,38-39
Isistius brasiliensis

ダンゴムシのなかま 120,121

単細胞生物 122

ち

地殻 6,8

地球 6

地球の誕生 122

チチュウカイヒカリダンゴイカ 74-75
Heteroteuthis dispar

チヒロクサウオ 87
Pseudoliparis belyaevi

チャレンジャー 15

超好熱性古細菌 122

チョウチンアンコウ 11,28-29,68,123,後ろ見返し
Himantolophus groenlandicus

チョウチンハダカの一種 21,84-85
Ipnops sp.

鳥類 49

て

ディープシーチャレンジャー 17

デイマ・バリドゥム 47
Deima validum

テマリクラゲ 37,44,69,118,119

テマリクラゲの一種 前見返し,11,44-45
Pleurobrachia sp.

デメニギス 11,20-21
Macropinna microstoma

テラマチオキナエビス 81,125
Bayerotrochus teramachii

テンガンムネエソ 12,62-63
Argyropelecus hemigymnus

テングギンザメ 100
Rhinochimaera pacifica

と

東海大学海洋学博物館 131

東京大学大気海洋研究所 HADEEP 87

ドウケツエビの一種 98-99
Spongicola sp.

頭索動物 49,123

動物界 123

トガリテマリクラゲの一種 45
Mertensia sp.

トガリムネエソ 前見返し,63
Argyropelecus aculeatus

鳥羽水族館 99

トラフ 9

トリエステ 16

な

内核 6

ナガヅエエソ 25,67
Bathypterois guentheri

ナスタオオウミグモ 109
Colossendeis nasuta

ナラクハナシガイ 57
Axinulus hadalis

軟体動物門 42,43,51,57,61,73,75,80,81,91,111,123

ナンヨウキンメ 35
Beryx decadactylus

ナンヨウミツマタヤリウオ 117
Idiacanthus fasciola

に

新潟市水族館マリンピア日本海 66

西村式豆潜水艇1号 16

ニホンウナギ 41
Anguilla japonica

日本科学未来館 55

二枚貝 51,53,57,79,81

乳酸菌 122

ニュウドウカジカ 92-93
Psychrolutes phrictus

ぬ

ヌタウナギの一種 79
Myxinidae gen. sp.

沼津港深海水族館 シーラカンス・ミュージアム 101,130

ね

熱水噴出孔 16,54,77,80,88,89,122

の

ノコギリウミノミの一種 115
Scinidae gen. sp.

ノチール 16

は

バイオロギング 16,26

ハイパードルフィン 17,41,45,89,91,93,119

ハシキンメの一種 前見返し,35
Gephyroberyx sp.

ハダカイワシの一種 63
Diaphus sp.

ハダカカメガイ（クリオネ） 11,42-43,129
Clione limacina limacina

ハダカゾウクラゲの一種 43,後ろ見返し
Pterotrachea sp.

爬虫類 49

ハッポウクラゲ 71
Aeginura grimaldii

ハワイ大学 87

ひ

ヒカリダンゴイカのなかま 75

ヒゲナガダコ 91
Cirrothauma murrayi

尾索動物 49,115,123

ヒメコンニャクウオ 127
Careproctus rotundifrons

ヒラカメガイ 43
Diacria trispinosa

ヒラノマクラ 53
Adipicola pacifica

ヒレナガチョウチンアンコウ 12,24-25
Caulophryne pelagica

ビワアンコウ 29
Ceratias holboelli

ふ

ファーミキューテス門 122

フウセンウナギの一種 31,37,後ろ見返し
Saccopharynx sp.

フウセンクラゲ 45
Hormiphora palmata

フクロウナギ 14,21,30-31,35,87
Eurypharynx pelecanoides

フトスジサルパ 115
Soestia zonaria

フナクイムシの一種 51
Teredinidae gen. sp.

フランス海洋開発研究所 55

プレート 8,9,10

プロテオバクテリア門 122

へ

ベニズワイガニ 69,128
Chionoecetes japonicus

ヘビトカゲギス　126
Stomias boa

ほ

ホウライエソ　前見返し,23,33,117
Chauliodus sloani

ホクヨウイボダコ　110-111
Graneledone boreopacifica

ホソウデヤスリアカザエビ　99
Acanthacaris tenuimana

ホソヌタウナギ　79
Myxine garmani

ホタルイカ　前見返し,63,128
Watasenia scintillans

哺乳類　26,49,123

ホネクイハナムシ　52-53,55
Osedax japonicus

ホネクイハナムシの一種　53
Osedax sp.

ホホジロザメ　113
Carcharodon carcharias

ホヤの一種の子ども　49
Ascidiacea gen. sp.

ホンソメワケベラ　105
Labroides dimidiatus

ホンヒメサルパ　115
Thalia democratica

ま

巻き貝　42,43,81

マグマ　8,10

マダコ　90,91,111
Octopus vulgaris

マダラ　128
Gadus sp.

マッコウクジラ　12,26-27,60,61
Physeter macrocephalus

マナマコ　46
Apostichopus armata

マリアナイトエラゴカイ　88-89
Paralvinella hessleri

マントル　6,9

み

ミール　17

ミジンウキマイマイ　43,129
Limacina helicina

ミズヒキイカ　73
Magnapinna pacifica

ミツクリエナガチョウチンアンコウ　29
Cryptosaras couesii

ミツクリザメ　32-33,131
Mitsukurina owstoni

ミツマタヤリウオ　116-117,後ろ見返し
Idiacanthus antrostomus

ミツマタヤリウオの子ども　117
Idiacanthus antrostomus

ミドリフサアンコウ　68-69,130
Chaunax abei

ミナミゾウアザラシ　27
Mirounga leonina

む

無顎類　78

ムラサキギンザメ　100
Hydrolagus purpurescens

ムラサキヌタウナギ　25,78-79,130
Eptatretus okinoseanus

ムラサキホシエソ　23
Echiostoma barbatum

め

メオトキクイガイの一種　51
Xylopholas sp.

メダマホウズキイカ　63,後ろ見返し
Teuthowenia megalops

メタン生成古細菌　122

メンダコ　11,55,90-91,130
Opisthoteuthis depressa

メンダコの一種　91
Opisthoteuthis sp.

も

毛顎動物門　102,103,123

モクヨクカイメン　99
Spongia officinalis

モントレー湾水族館研究所　21,49,111

文部科学省　131

や

ヤドカリの一種　99,127
Paguroidea gen. sp.

ヤマトトックリウミグモ　109
Ascorhynchus japonicus

ヤムシの一種　37,102-103
Chaetognatha gen. sp.

ヤムシの一種　103,126
Sagittidae gen. sp.

ゆ

有櫛動物門　44,45,119,123

ユウレイイカの一種　73
Chiroteuthis sp.

ユーリアーキオータ門　122

ユウレイオニアンコウ　64-65,68,後ろ見返し
Haplophryne mollis

ユノハナガニ　55,131
Gandalfus yunohana

ユビアシクラゲ　71
Tiburonia granrojo

ユメナマコ　13,46-47
Enypniastes eximia

よ

葉緑体　57

ヨコエビの一種　115,127
Gammaridea gen. sp.

ヨコエビのなかま　87

ヨモツヘグイニナ　111,後ろ見返し
Ifremeria nautilei

ヨロイザメ　39
Dalatias licha

ら

ラクダアンコウの一種　29,97
Chaenophryne sp.

ラブカ　125,131
Chlamydoselachus anguineus

卵生　113

り

リュウグウノツカイ　11,66-67
Regalecus russelii

両生類　49

表紙中央の生物：ミドリフサアンコウ
裏表紙の生物：オオグソクムシ
とびらの生物：オニキンメの子ども

海洋研究開発機構（JAMSTEC）提供写真一覧
P.10、P.25左下、P.29右下2点、P.35右下、P.41右下、P.45左中、P.47右中・下2点、P.49左上・左下、P.50、P.53上・右中・左下、P.54、P.57中下・右下、P.61中上・右中、P.67中・右下、P.69、P.71右上以外4点、P.73左上・中中・右中、P.75右上、P.77中右・右下、P.79上・右中、P.80、P.81右上・右中・左下、P.85右中・中中・左下、P.87右下・左下、P.89右中・中中・中下・左下、P.91、P.92-93、P.99右下、P.100中下・左下、P.103右上、P.109中下・左下、P.112上、P.115下3点、P.116右下、P.119右中・右下、P.121右上・中下・左下、P.125右下、P.126左下、P.127下2点、P.129右下以外6点、P.130左下2点、前見返し：光るからだ：ギンザメの一種

135

監修	藤倉克則　海洋研究開発機構・学術博士（水産学）
協力	井田 齊　北里大学名誉教授 後藤太一郎　三重大学教育学部理科教育講座（生物）
写真提供	海洋研究開発機構（JAMSTEC）：詳細はP.135 アマナイメージズ：本文内に©表記あるもの・P.135に詳細あるもの以外全点 ＜以下は本文内に©表記あり＞ 藤原義弘（海洋研究開発機構） 滋野修一（シカゴ大学） Dhugal J. Lindsay（海洋研究開発機構） 奥谷喬司（東京水産大学名誉教授） 木暮陽一（国立研究開発法人水産研究・教育機構） Paul H. Yancey（ハワイ大学） Alexis Fifis（フランス海洋開発研究所） モントレー湾水族館研究所 江戸っ子1号プロジェクト 東京大学大気海洋研究所 HADEEP 新潟市水族館マリンピア日本海 鳥羽水族館 日本科学未来館 沖縄美ら海水族館 新江ノ島水族館 沼津港深海水族館 シーラカンス・ミュージアム 東海大学海洋科学博物館 国立科学博物館 文部科学省 NHKエンタープライズ アフロ ゲッティイメージズジャパン
イラスト	大片忠明（P.11-14） 木下真一郎（P.6-10,15-17） 小堀文彦（P.18-19,31,57,58-59,74,79,82-83,94-95,106-107,113,122-123） 中道瑛美（P.102-103）
編集協力	進藤美和 生田亜諏砂（海洋研究開発機構） 野中裕子（海洋研究開発機構）
執筆	中野富美子
ブックデザイン	辻中浩一・吉田帆波（Oeuf）
編集	荒井 正・中野富美子（ネイチャー＆サイエンス）

おもな参考資料

『潜水調査船が観た深海生物 深海生物研究の現在 第2版』
（藤倉克則, 奥谷喬司, 丸山正 編著／東海大学出版会）

『特別展 深海 挑戦の歩みと驚異の生きものたち』
（国立科学博物館, 海洋研究開発機構, 読売新聞社, NHK, NHKプロモーション 編）

『日本産魚類検索 全種の同定 第三版』
（中坊徹次 編／東海大学出版会）

『水産無脊椎動物学』
（椎野季雄 著／培風館）

『海の動物百科』
（Andrew Cambell, John Dawes 編／朝倉書店）

『深海の生物学』
（ピーター・ヘリング 著 沖山宗雄 訳／東海大学出版会）

『深海』
（クレール・ヌヴィアン 著 伊部百合子 訳
高見英人, ドゥーグル・リンズィー,
藤岡換太郎 監修／晋遊舎）

『深海生物学への招待』
（長沼毅 著／日本放送出版協会）

『深海魚 暗黒街のモンスターたち』
（尼岡邦夫 著／ブックマン社）

『深海魚ってどんな魚 驚きの形態から生態、利用』
（尼岡邦夫 著／ブックマン社）

『深海生物大事典 = THE ENCYCLOPEDIA OF DEEP-SEA CREATURES』
（佐藤孝子 著／成美堂出版）

『深海 鯨が誘うもうひとつの世界』
（藤原義弘, なかのひろみ 著／山と渓谷社）

『深海のフシギな生きもの 水深11000メートルまでの美しき魔物たち』
（ネイチャー・プロ編集室 構成・文 藤倉克則, ドゥーグル・リンズィー 監修／幻冬舎）

『深海のとっても変わった生きもの』
（藤原義弘 著／幻冬舎）

http://www.godac.jamstec.go.jp/bismal/j/
http://www.jamstec.go.jp/j/
http://www.fishbase.org/
http://eol.org/
http://www.mbari.org/
http://www.livescience.com/
http://www.sci-news.com/

深海の生物

発行	2016年6月　第1刷 2020年7月　第2刷
発行者	千葉 均
編集	平尾小径
発行所	株式会社ポプラ社 〒102-8519　東京都千代田区麹町4-2-6 住友不動産麹町ファーストビル8・9F
電話	03-5877-8109（営業） 03-5877-8113（編集）
ホームページ	www.poplar.co.jp
印刷・製本	図書印刷株式会社

ISBN978-4-591-15035-1
N.D.C.481/135P/29cm×22cm Printed in Japan

- 本書のコピー、スキャン、デジタル化等の無断複製は著作権法上での例外を除き禁じられています。本書を代行業者等の第三者に依頼してスキャンやデジタル化することは、たとえ個人や家庭内での利用であっても著作権法上認められておりません。
- 落丁本・乱丁本はお取り替えいたします。小社あてにご連絡ください。電話0120-666-553、受付時間は月〜金曜日、9:00〜17:00（祝日・休日は除く）。
- 読者の皆様からのお便りをお待ちしております。なお、いただいた個人情報（お名前やご住所）を他の目的に使用することはありません。小社のプライバシーポリシーについては、小社ホームページwww.poplar.co.jpをご覧ください。

P7178001

生きものの世界をもっと知りたくなったら

ポプラディア大図鑑 WONDA

WONDA 魚

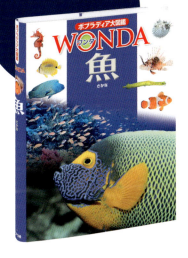

日本の魚を中心に、観賞魚をふくめて約1300種類を掲載。大きな標本写真で、観察のポイントが一目でわかります。メダカの育ち方など学習に役立つ情報もいっぱい。

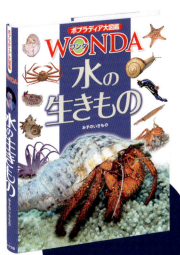

水にすむ無脊椎動物を、日本の生きものを中心に約1200種類掲載。迫力の写真で生きものの生態がわかります。カタツムリなど、教科書に出てくる生きものの飼い方情報もいっぱい。

WONDA 水の生きもの

既刊16巻 大好評発売中！

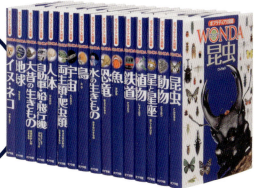

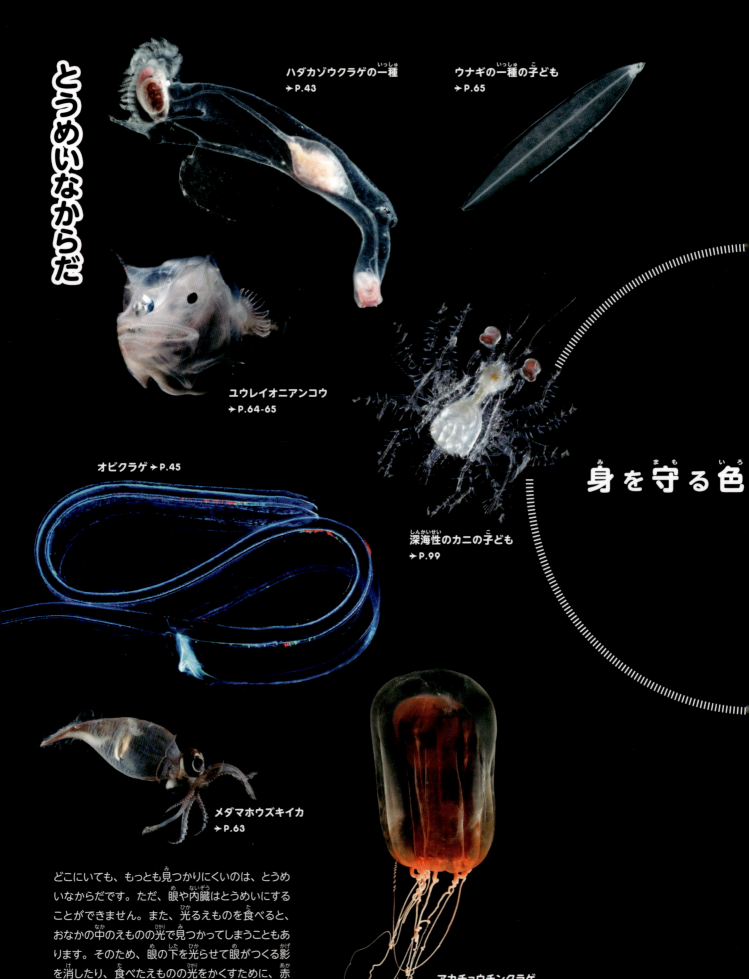

とうめいなからだ

ハダカゾウクラゲの一種 →P.43

ウナギの一種の子ども →P.65

ユウレイオニアンコウ →P.64-65

オビクラゲ →P.45

深海性のカニの子ども →P.99

身を守る色

メダマホウズキイカ →P.63

アカチョウチンクラゲ →P.70-71, 127

どこにいても、もっとも見つかりにくいのは、とうめいなからだです。ただ、眼や内臓はとうめいにすることができません。また、光るえものを食べると、おなかの中のえものの光で見つかってしまうこともあります。そのため、眼の下を光らせて眼がつくる影を消したり、食べたえものの光をかくすために、赤や黒の内臓で光をさえぎるものもいます。